Stable Diffusion AI绘画

商业应用案例教程

龙飞◎编著

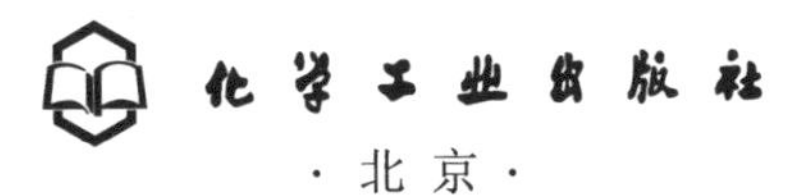

·北京·

内 容 简 介

本书通过22个经典案例，深入介绍了Stable Diffusion AI绘画的核心功能，随书赠送了112分钟教学视频+20个素材文件+134个效果文件+75组AI绘画提示词+152页PPT课件+电子教案，帮助大家从入门到精通Stable Diffusion，从新手成为AI商业设计高手！

22个经典Stable Diffusion AI绘画案例，包括动漫插图、艺术插画、写实风景、人像摄影、视觉设计、电商产品、电商模特、建筑设计、室内设计、游戏设计、3D设计、服饰设计、玩具设计、汽车设计、影视特效、美食广告、扁平抽象、植物油画、小说插图、文生视频、图生视频、风光视频等类型，应有尽有。84个Stable Diffusion AI绘画的核心技能，包括文生图、图生图、后期处理、模型、提示词、扩展插件等，讲解全面、细致。

本书内容讲解精辟，实例风趣多样，图片精美丰富，无论是对AI绘画感兴趣的初学者还是专业人士，无论是艺术家、设计师、电商美工人员、动画制作人员，还是其他商业设计领域的相关从业者，本书都将帮你快速提升自己的实践能力和创作水平。此外，本书还可以作为相关培训机构和职业院校的参考教材。

图书在版编目(CIP)数据

Stable Diffusion AI绘画：商业应用案例教程 / 龙飞编著. -- 北京：化学工业出版社，2024. 9.
ISBN 978-7-122-45913-8

Ⅰ. TP391.413

中国国家版本馆CIP数据核字第20247PY686号

责任编辑：吴思璇　李　辰　　封面设计：异一设计
责任校对：宋　夏　　装帧设计：盟诺文化

出版发行：化学工业出版社（北京市东城区青年湖南街13号　邮政编码100011）
印　　装：北京盛通印刷股份有限公司
710mm×1000mm　1/16　印张$14^3/_4$　字数306千字　2024年10月北京第1版第1次印刷

购书咨询：010-64518888　　售后服务：010-64518899
网　　址：http://www.cip.com.cn
凡购买本书，如有缺损质量问题，本社销售中心负责调换。

定　　价：88.00元

前　言

◎ 策划起因

本书是一本Stable Diffusion AI绘画的案例教程，从实用角度出发，对Stable Diffusion进行了详细解说，帮助读者全面掌握AI绘画技术。学习本书，掌握一门实用的技能，有助于提升自身的能力。

本书包括23章内容，共计84个知识点，在介绍软件功能的同时，精心安排了22个具有针对性的实例，帮助读者轻松掌握Stable Diffusion的使用技巧和具体应用场景，以做到学用结合。

同时，本书的全部实例都配有同步教学视频，详细演示案例制作过程。目前，市场上的同类书多侧重软件一个一个知识点的介绍与操作，比较零碎，学完了并不一定能制作出中、大型的AI绘画作品，而本书采用效果展示的驱动式写法，由浅入深，循序渐进，层层剖析。

◎ 本书思路

为了帮助读者快速入门Stable Diffusion AI绘画，作者精心打造了一本全方位的学习宝典，从实战案例到核心技能讲解，从案例素材到高清教学视频，本书为大家提供一站式的学习体验。

本书具体的写作思路与特色如下。

❶ 22个主题案例，全面实战演练：涵盖动漫插图、艺术插画、写实风景、人像摄影、视觉设计、电商产品、电商模特、建筑设计、室内设计、游戏设计、3D设计、服饰设计、玩具设计、汽车设计、影视特效、美食广告、扁平抽象、植物油画、小说插图、文生视频、图生视频、风光视频等主题，帮助读者成为“行业多面手”！

❷ 84个技能，核心知识点讲解：通过具体案例，从零开始，循序渐进地讲解Stable Diffusion的核心功能，如安装部署、模型下载、插件下载、文生图、图生图、后期处理、生成参数、提示词、脚本、ControlNet，以及其他扩展插件等，帮助读者轻松驾驭Stable Diffusion AI绘画，开启创作新纪元！

❸ 154个案例素材与效果文件提供：本书为读者提供书中案例的完整素材和效果文件，让你在学习过程中无须费心寻找资源，轻松上手，高效学习！

❹ 112分钟的同步教学视频赠送：书中案例全部录制了详尽的教学视频，使用手机扫码即学，让读者可以随时随地都能跟随专业讲师学习，轻松掌握Stable Diffusion AI绘画的操作技巧！

❺ 152页PPT课件和电子教案赠送：丰富的电子资源，为读者提供全方位的学习支持！

◎ 温馨提示

❶ 版本更新：在编写本书时，是基于当前各种AI工具和网页平台的界面截取的实际操作图片，但本书从编辑到出版需要一段时间，这些工具的功能和界面可能会有变动，请在阅读时，根据书中的思路，举一反三，进行学习。其中，Stable Diffusion为1.8.0版和forge版。同时，书中用到的具体模型，请看教学视频。

❷ 提示词：也称为提示、文本描述（或描述）、文本指令（或指令）、关键词或“咒语”等。需要注意的是，即使是相同的提示词，AI模型每次生成的文案、图像或视频效果也会有差别，这是模型基于算法与算力得出的新结果，是正常的，所以大家看到书里的截图与视频有区别，包括大家用同样的提示词，自己再制作时，出来的效果也会有差异。

❸ 特别提醒：在使用本书进行学习时，读者需要注意实践操作的重要性，只有通过实践操作，才能更好地掌握AI绘画与设计的应用技巧。

◎ 版权声明

◎ 资源获取

如果读者需要获取书中案例的视频或其他资源，请使用微信“扫一扫”功能按需扫描下列对应的二维码，或参考本书封底信息。

读者QQ群

视频教学（样例）

本书参与编写的人员还有苏高、胡杨等人，在此表示感谢。

由于编者知识水平有限，书中难免有疏漏之处，恳请广大读者批评、指正，邮箱：itsir@qq.com。

龙飞

目　录

第 1 章

新手入门：安装与使用Stable Diffusion

Stable Diffusion是一个热门的人工智能（Artificial Intelligence，AI）图像生成工具，但对初学者来说，掌握Stable Diffusion却是一项具有挑战性的任务。本章将分享一些新手入门技巧，帮助大家快速认识与部署Stable Diffusion，并熟悉Stable Diffusion的基本功能。

1.1　安装与部署Stable Diffusion

Stable Diffusion（简称SD）是一个开源的深度学习生成模型，能够根据任意文本描述生成高质量、高分辨率、高逼真度的图像效果。Stable Diffusion不仅在代码、数据和模型方面实现了全面开源，而且其参数量适中，使得大部分人可以通过普通显卡进行绘画甚至精细地调整模型。

毫不夸张地说，SD的开源对AIGC（Artificial Intelligence Generated Content，生成式人工智能）的繁荣和发展起到了巨大的推动作用，因为它让更多的人能够轻松上手进行AI绘画。为了帮助大家快速入门并充分利用这个功能强大的AI绘画工具，本节将详细介绍Stable Diffusion的安装条件、部署方法等内容。

1.1.1　Stable Diffusion的配置要求

扫码看教学视频

如果用户有兴趣学习和使用Stable Diffusion，则需要检查你的计算机配置是否符合安装条件，因为它对计算机配置的要求较高。不同的Stable Diffusion分支和迭代版本可能会有不同的要求，因此需要检查每个版本的具体规格。

Stable Diffusion的基本安装条件如下。

❶ 操作系统：Windows、macOS。

❷ 显卡：不低于6GB显存的N卡（指NVIDIA系列的显卡）。

❸ 内存：不低于16GB的DDR4或DDR5内存。DDR（Double Data Rate）是指双倍速率同步动态随机存储器。

❹ 硬盘安装空间：12GB或更多，最好是固态硬盘（Solid State Disk或Solid State Drive，SSD）。

这是Stable Diffusion的最低配置要求，如果用户想要获得更好的出图结果和更高分辨率的图像，则需要更强大的硬件，如具有12GB显存的NVIDIA RTX 4070显卡，或者更新的RTX 4080、RTX 4090等显卡，它们分别有16GB和24GB的显存。图1-1所示为2024年2月的桌面显卡性能天梯图，越往上显卡性能越好，价格也越高。

虽然Stable Diffusion的官方版本并不支持超威半导体公司（Advanced Micro Devices，AMD）和Intel（英特尔公司）的显卡，但是已经有一些支持这些显卡的分支版本，不过安装过程比较复杂。当然，如果用户没有高性能的图形处理器（Graphics Processing Unit，GPU），也可以使用一些网页版的Stable Diffusion，没有任何硬件要求。

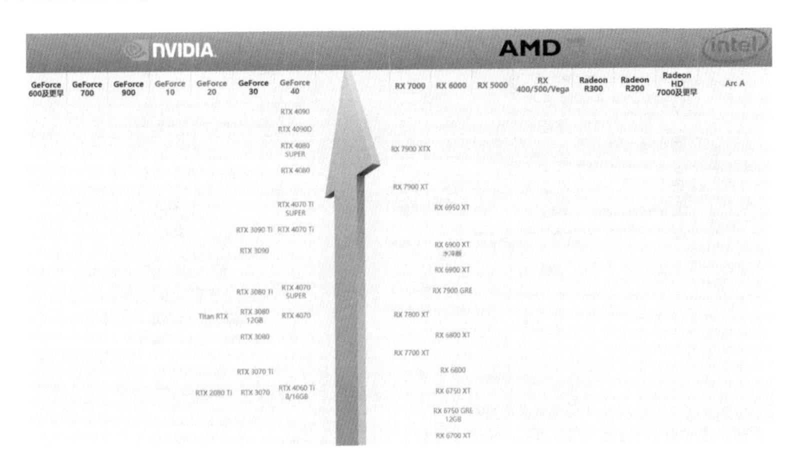

图 1-1　桌面显卡性能天梯图（部分显卡）

★ 温馨提示 ★

要流畅地运行Stable Diffusion，推荐的计算机配置如下。

❶ 操作系统：Windows 10或Windows 11。

❷ 处理器：多核心的64位处理器，如13代以上的Intel i5系列或Intel i7系列，以及AMD Ryzen 5系列或Ryzen 7系列。

❸ 内存：32GB或以上。

❹ 显卡：NVIDIA GeForce RTX 4060TI（16GB显存版本）、RTX 4070、RTX 4070TI、RTX 4080或RTX 4090。

❺ 安装空间：大品牌的SSD硬盘，500GB以上的可用空间。

❻ 电源：建议选择额定功率为750W或以上的大品牌电源。

1.1.2　Stable Diffusion的安装流程

扫码看教学视频

随着人工智能技术的不断发展，许多人工智能绘画工具应运而生，使绘画过程更加高效、有趣。Stable Diffusion是其中备受欢迎的一款人工智能绘画工具，它使用有监督的深度学习算法来完成图像生成任务。下面以Windows 10操作系统为例，介绍Stable Diffusion的安装流程。

1. 下载Stable Diffusion程序包

首先需要从Stable Diffusion的官方网站或其他可信的来源下载该软件的程序包，文件名通常为Stable Diffusion或者sd-xxx.zip/tar.gz，xxx表示版本号等信息。下载完成后，将压缩文件解压到想要安装的目录下，如图1-2所示。

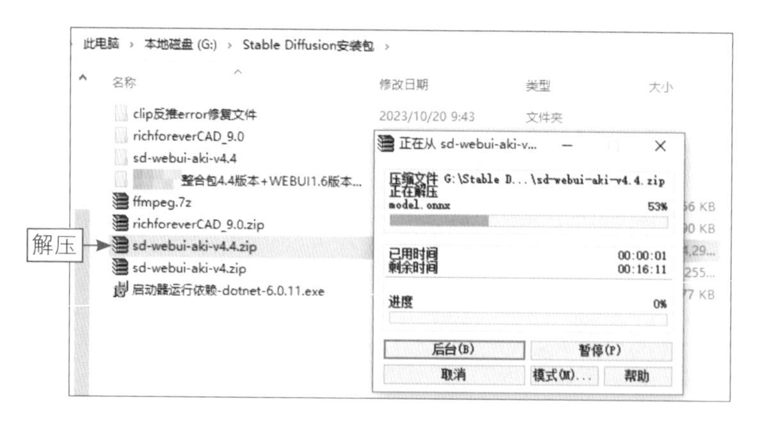

图 1-2　解压 Stable Diffusion 的安装文件

2. 安装Python环境

由于Stable Diffusion是使用Python语言开发的，因此用户需要在本地安装Python环境。用户可以从Python的官方网站下载Python解释器，如图1-3所示，并按照提示进行安装。注意，Stable Diffusion要求使用Python 3.6以上版本。

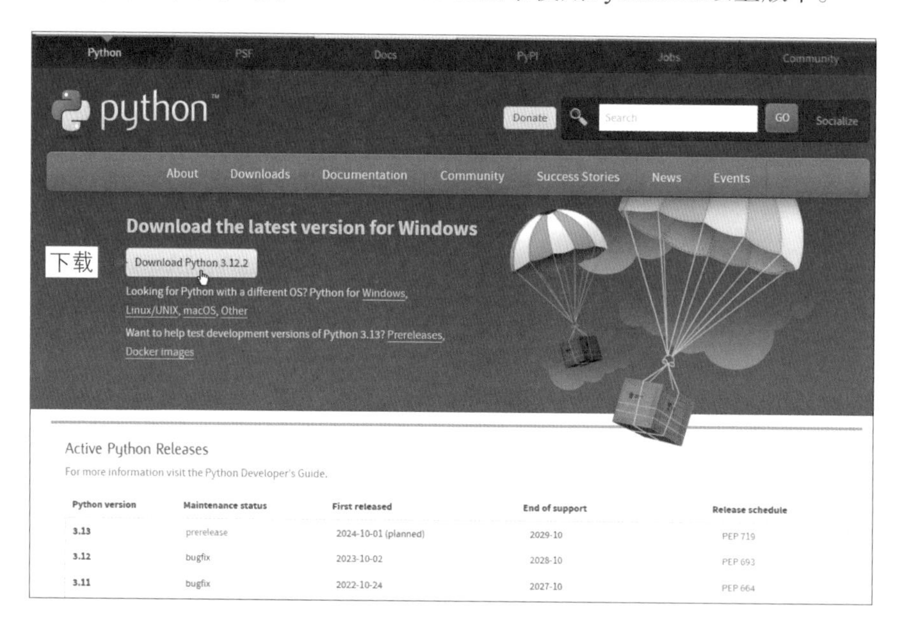

图 1-3　从 Python 的官方网站下载 Python 解释器

3. 安装依赖项

依赖项指的是为了使Stable Diffusion能够正常运行，需要安装和配置的其他相关的软件库或组件，这些依赖项可以是编程语言、框架、库文件或其他软件包。在安装Stable Diffusion之前，用户需要确保下列依赖项已经正确安装。

❶ PyTorch：PyTorch是一个开源的Python机器学习库，它提供了易于使用的张量（Tensor）和自动微分（Automatic differentiation）等技术，这使得它特别适合于深度学习和大规模的机器学习等项目。

❷ Numpy：Numpy是Python的一个数值计算扩展，它提供了快速、节省内存的数组（称为ndarray），以及用于数学和科学编程的常用函数。

❸ Pillow：Pillow是Python的一个图像处理库，可以用来打开、操作和保存不同格式的图像文件。

❹ SciPy：SciPy是一个用于数学、科学、工程领域的数学计算库，可以处理插值、积分、优化、图像处理、常微分方程数值解的求解、信号处理等问题。

❺ tqdm：tqdm是一个快速、可扩展的Python进度条库，它可以在长循环中添加一个进度提示，让用户知道程序的运行进度。

在安装这些依赖项之前，用户需要确保计算机中已经安装了Python，并且可以通过命令行运行Python命令。用户可以使用pip（Python的包管理器）来安装这些依赖项，具体安装命令为：pip install torch numpy pillow scipy tqdm。

当然，用户也可以使用SD整合包，一键实现Stable Diffusion的本地部署，只需运行“启动器运行依赖-dotnet-6.0.11.exe”安装程序，然后单击“安装”按钮即可，如图1-4所示。

执行操作后，等待出现“控制台”窗口，不必在意“控制台”窗口中的内容，保持其打开状态即可。稍等片刻，将会出现一个浏览器窗口，表示Stable Diffusion的基本软件已经安装完毕。

图 1-4　单击“安装”按钮

★ 温馨提示 ★

在安装Stable Diffusion的过程中，用户还要注意以下事项。

❶ 由于Stable Diffusion是一个复杂的模型库，因此安装和运行时可能需要较多的系统资源，如内存、显存和存储空间等，用户需要确保计算机硬件配置满足要求。

❷ 确保关闭其他可能影响Stable Diffusion安装的程序或进程。

❸ Stable Diffusion的安装目录尽可能不要放在C盘，同时安装位置所在的磁盘要留出足够的空间。

1.1.3 快速启动Stable Diffusion

扫码看教学视频

运行Stable Diffusion的方式取决于用户使用的具体软件版本和安装方式。下面以SD整合包为例，介绍一键启动Stable Diffusion的操作方法。

步骤 01 打开SD安装文件所在目录，进入sd-webui-aki-v4.4文件夹，找到并双击“A启动器.exe”图标，如图1-5所示。

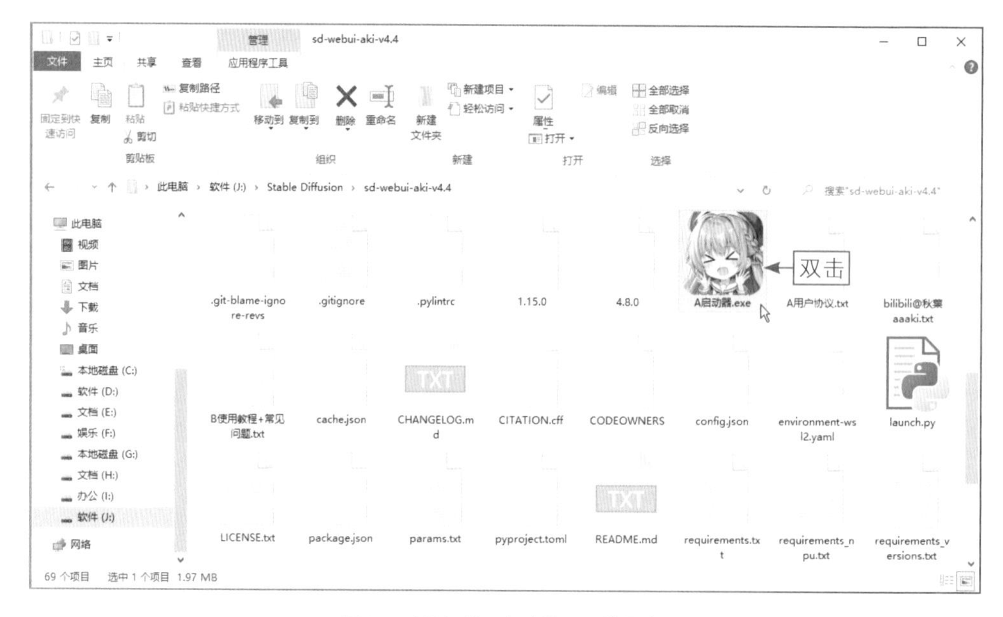

图 1-5 双击“A 启动器 .exe”图标

步骤 02 执行操作后，即可打开“绘世”启动器程序，在主界面中单击“一键启动”按钮，如图1-6所示。

步骤 03 执行操作后，即可进入“控制台”界面，显示各种依赖项的加载和安装进度，让它自动运行一会儿，耐心等待命令运行完成，如图1-7所示。

图 1-6　单击“一键启动”按钮

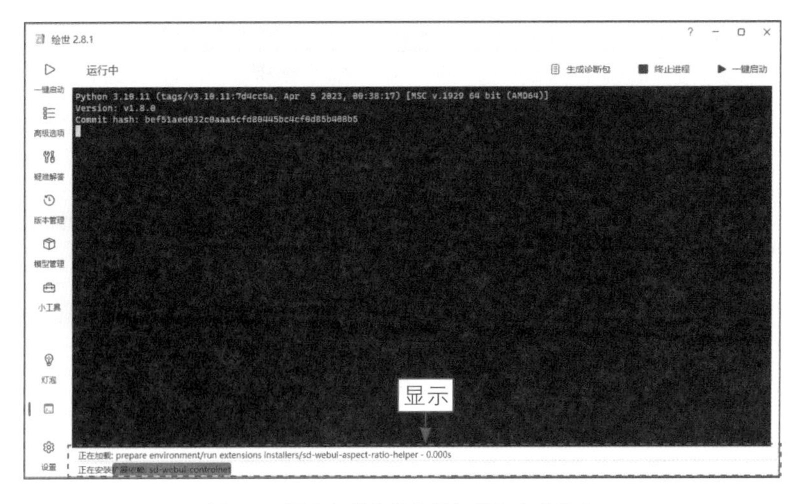

图 1-7　显示各种依赖项的加载和安装进度

★ 温馨提示 ★

如果用户安装的是原版的Stable Diffusion，可以在系统中按【Windows+R】组合键，运行cmd命令，或者在“开始”菜单中选择“Windows系统”→“命令提示符”命令，即可打开“命令提示符”窗口。在命令行中进入Stable Diffusion程序包的目录，使用以下命令运行程序：python run_diffusion.py --config_file=config.yaml。

步骤 04 稍等片刻，即可在浏览器中自动打开Stable Diffusion的WebUI页面，如图1-8所示。如果在启动过程中出现错误提示，用户也可以进入“绘世”启动器的“疑难解答”界面查看具体的问题。

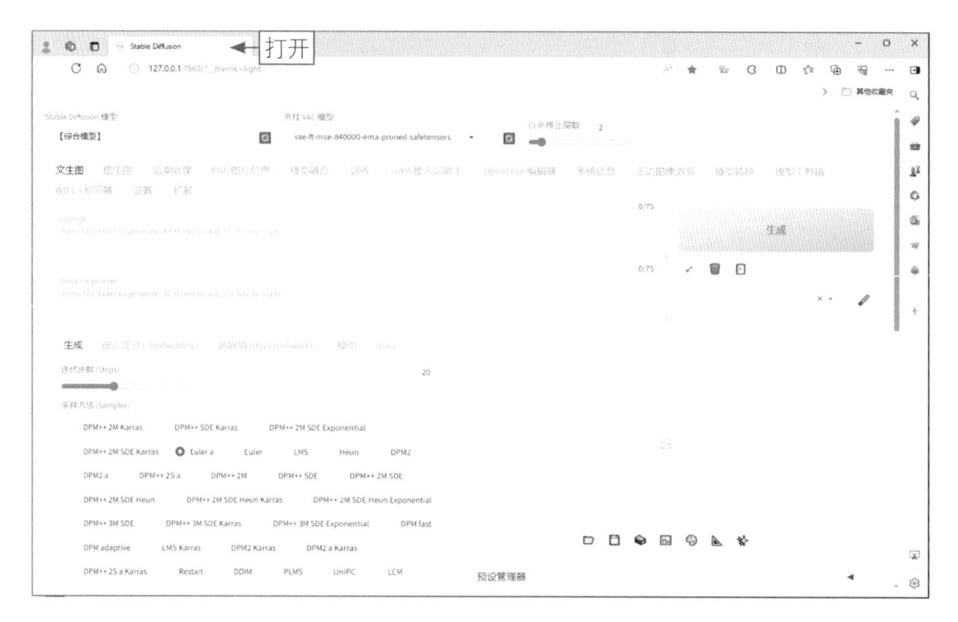

图 1-8　打开 Stable Diffusion 的 WebUI 页面

1.1.4　云端部署Stable Diffusion

扫码看教学视频

随着云计算技术的发展，将Stable Diffusion部署到云端成为可能，更多的人能够享受到这个AI绘画工具带来的便利。用户可以在飞桨、阿里云、腾讯云、Google Colab等常用的云服务器平台上部署Stable Diffusion，这样只需在云端输入自己的文本描述，即可得到AI生成的图像。

例如，Google Colab是谷歌推出的一个在线工作平台，可以让用户在浏览器中编写和执行Python脚本，最重要的是，它提供了免费的GPU来加速深度学习模型的训练。在Google Colab的GitHub仓库（GitHub上存储代码的基本单位）的README（有关项目的基本信息）文件中，已经为用户准备好了不同模型的.ipynb文件。用户只需按照它的教程进行操作，即可轻松实现在Google Colab上一键部署Stable Diffusion。

在Google Colab中有一个专门用来部署Stable Diffusion的fork项目（fork项目是指从原有项目中分离开来，形成新的分支），名称为Stable Diffusion WebUI Colab。在GitHub中打开Stable Diffusion WebUI Colab页面后，在下方的README.md（项目的说明和介绍）选项区中，可以看到3个按钮，单击相应的stable（稳定）按钮，如图1-9所示。

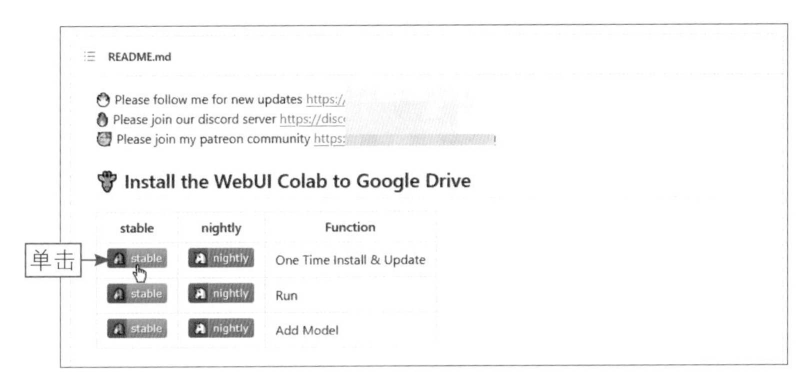

图 1-9　单击相应的 stable 按钮

★ 温馨提示 ★

图1-9中表格内的3个选项主要功能如下。

❶ One Time Install & Update是指安装和更新Stable Diffusion WebUI Colab，分为稳定版和测试版两个版本。

❷ Run是指启动Stable Diffusion WebUI Colab。

❸ Add Model是指添加模型。

执行操作后，跳转到Google Colab主页，单击“复制到云端硬盘”按钮，如图1-10所示，即可将文件保存到云服务器的硬盘中。

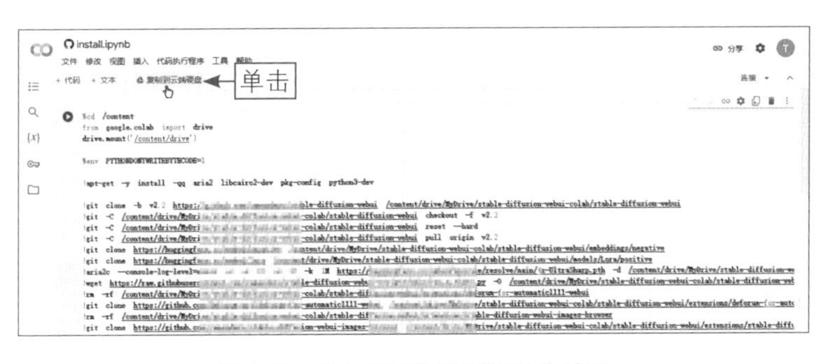

图 1-10　单击“复制到云端硬盘”按钮

★ 温馨提示 ★

在Stable Diffusion WebUI Colab的GitHub仓库中，准备了不同模型的.ipynb文件，供用户参考和使用。用户只需按照GitHub仓库中的教程操作，即可轻松实现在Google Colab上的一键部署Stable Diffusion WebUI Colab。

文件复制完成后，单击“运行单元格”按钮▶，如图1-11所示，即可开始在云端硬盘中安装Stable Diffusion。稍等片刻，当看到页面下方的命令行中显示Installed（安装）时，说明Stable Diffusion已经安装成功了，如图1-12所示。

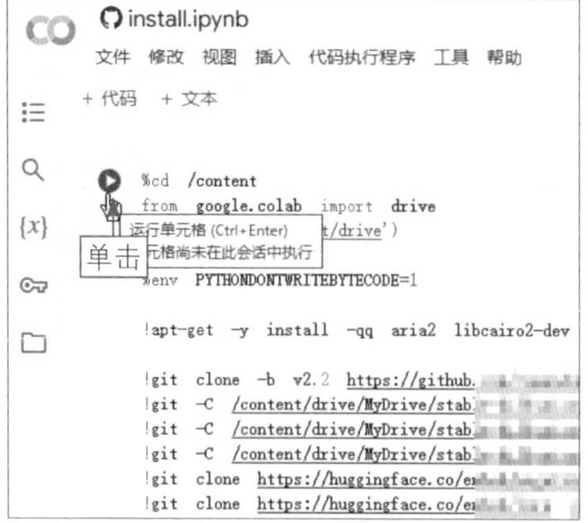

图 1-11 单击“运行单元格”按钮

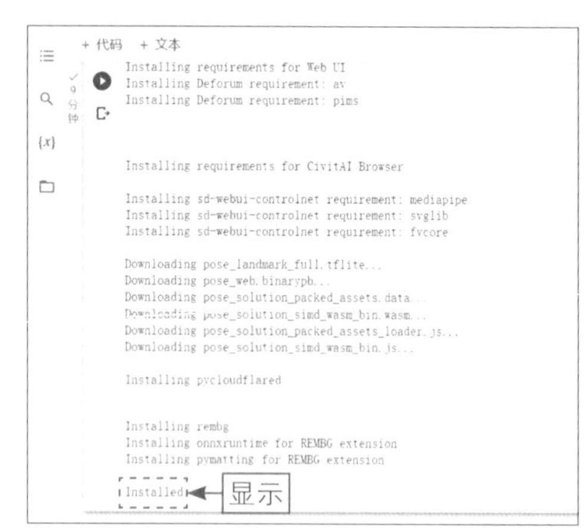

图 1-12 Stable Diffusion 安装成功

此时，用户可以返回Stable Diffusion WebUI Colab页面，在README.md选项区中单击Run一栏中的stable按钮，跳转到Google Colab主页，再次单击“复制到云端硬盘”按钮显示相应的脚本，然后再单击“运行单元格”按钮▶。等待一段时间，当脚本运行成功后，即可在其中看到几个可访问的链接，单击第一个链接，即可成功访问Stable Diffusion WebUI Colab，如图1-13所示。

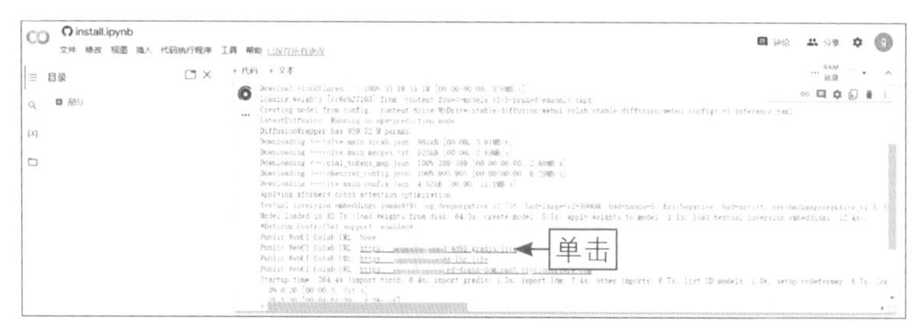

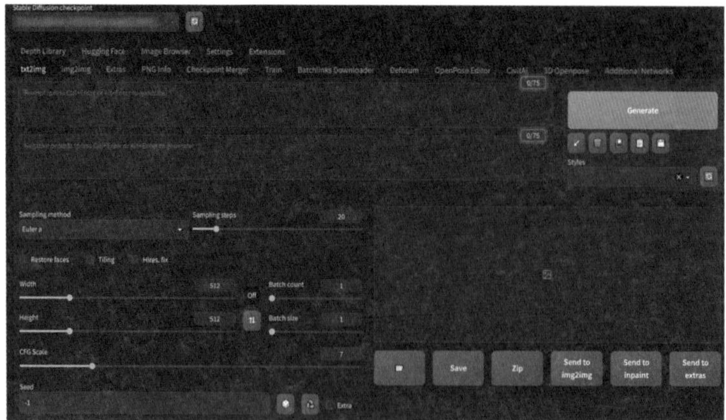

图 1-13 成功访问 Stable Diffusion WebUI Colab

★ 温馨提示 ★

.ipynb是一种文件格式的扩展名，是一种可以进行计算的特殊笔记本文件格式，也可以将其视为一本交互式笔记本，就像在学校使用的传统笔记本一样，但它是在计算机上运行的，这种特殊的笔记本允许用户编写代码、运行代码并记录笔记。

更重要的是，用户可以直接在Google Colab上运行.ipynb文件。用户使用Google Colab来安装和使用Stable Diffusion时，都是通过.ipynb文件完成的。

1.1.5　使用网页版Stable Diffusion

扫码看教学视频

Stable Diffusion作为一种强大的文本到图像生成模型，其独特的魅力在于能够将文本描述转化为生动逼真的图像，为创作者带来了无限可能。网页版Stable Diffusion绘图平台的出现，为广大用户提供了一个便捷、高效的创作工具。无须烦琐的安装和配置，只需轻轻一点，即可进入这个充满创意的AI绘画世界。

例如，LiblibAI是一个热门的AI绘画模型网站，使用了Stable Diffusion这种先进的图像扩散模型，可以根据用户输入的文本提示词（Prompt）快速地生成高质量且匹配度非常精准的图像，效果如图1-14所示。不过，网页版的Stable Diffusion通常需要付费才能使用，用户可以通过购买平台会员来获得更多的生成次数和更高的生成质量。

图 1-14　效果展示

步骤01 进入LiblibAI主页，单击左侧的“在线生成”按钮，如图1-15所示。

图 1-15　单击“在线生成”按钮

步骤02 执行操作后，进入LiblibAI的“文生图”页面，在CHECKPOINT（大模型）列表框中选择一个基础算法大模型，如图1-16所示。基础算法V1.5.safetensors是一个强大的文本转图像模型，能够实现从文本描述到高质量、高分辨率图像的转换。

步骤03 在“提示词”和“负向提示词”文本框中输入相应的文本描述，如图1-17所示，通过输入精心设计的提示词，可以引导模型理解你的意图，并生成符合你期望的图像。

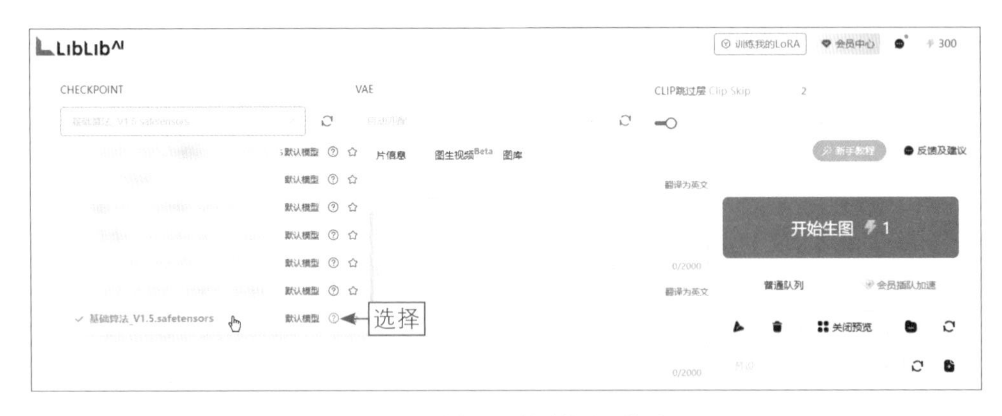

图 1-16　选择一个基础算法大模型

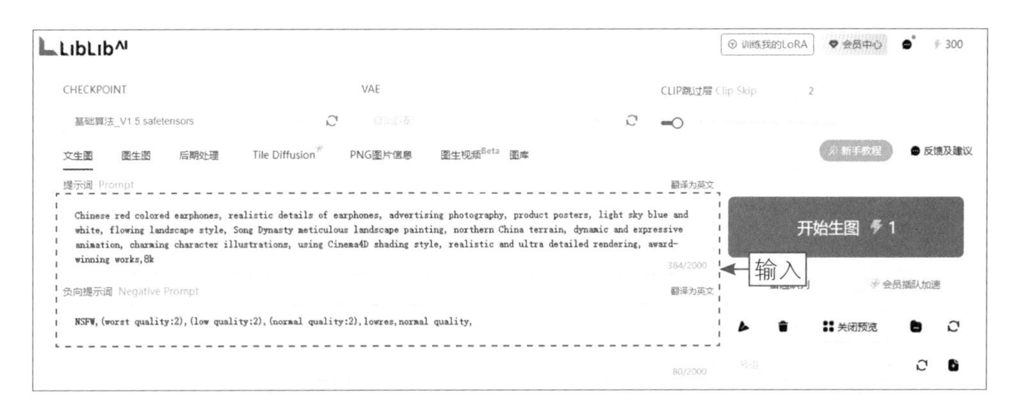

图 1-17　输入相应的文本描述

步骤04 在Lora选项卡中，选择相应的LoRA模型，用于控制画风，如图1-18所示。

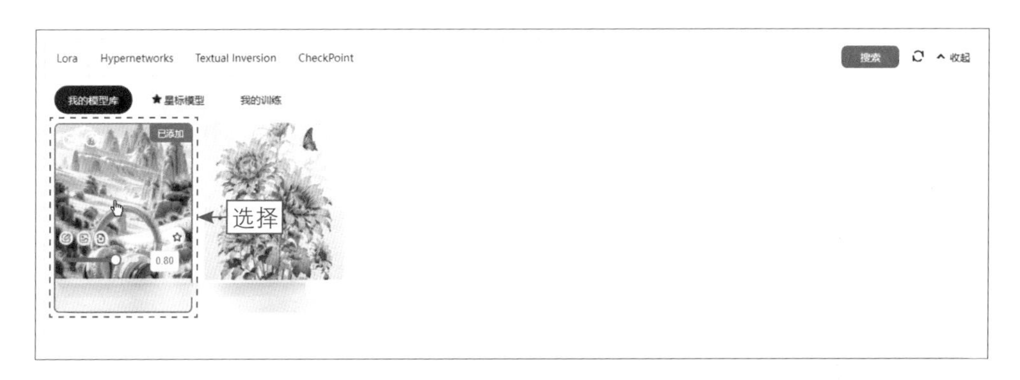

图 1-18　选择相应的 LoRA 模型

★ 温馨提示 ★

LoRA的全称为Low-Rank Adaptation of Large Language Models，LoRA取的就是Low-Rank Adaptation这几个单词的首字母，学名叫“大型语言模型的低阶适应”。

LoRA通过冻结原始大模型，并在外部创建一个小型插件来进行微调，从而避免了直接修改原始大模型，这种方法不仅成本低，而且效率高，同时插件式的特点使得它非常易于使用。后来人们发现，LoRA在绘画大模型上表现非常出色，固定画风或人物的能力非常强大。因此，LoRA的应用范围逐渐扩大，并迅速成为一种流行的AI绘画技术。

步骤05 在页面下方设置合适的出图尺寸和图片数量，单击“开始生图”按钮，即可生成相应的图像，效果如图1-19所示。

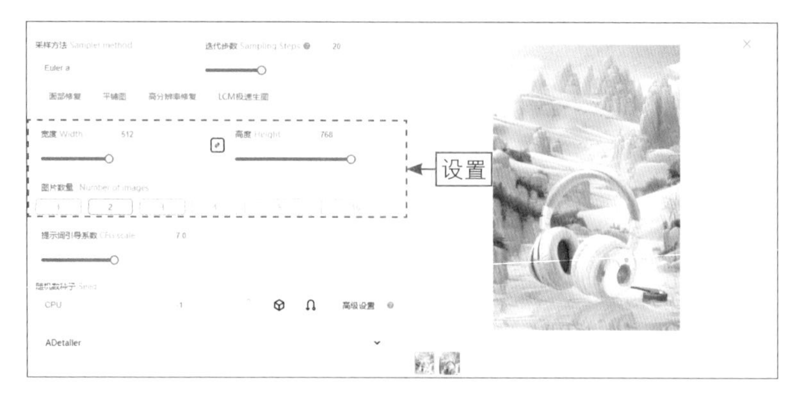

图 1-19　生成相应的图像

★ 温馨提示 ★

用户可以在LiblibAI的“模型广场”页面中选择自己喜欢的模型，进入模型的详情页面后，单击“加入模型库”按钮，如图1-20所示，即可将其添加到自己的模型库中。这样，当用户在使用LiblibAI网页版Stable Diffusion绘图时，即可在CHECKPOINT列表框或LoRA选项卡中选择该模型。

图 1-20　单击“加入模型库”按钮

1.2　下载Stable Diffusion模型和插件

很多人安装好Stable Diffusion后，就会迫不及待地在网上复制一段提示词去生成图像，但发现结果跟别人的完全不一样，其实关键就在于选择的模型不正确。模型是Stable Diffusion出图时非常依赖的一个东西，出图的质量与可控性跟模型有着直接的关系。本节将介绍下载模型的两种方法，帮助大家快速安装各种模型。

1.2.1　下载大模型

扫码看教学视频

Stable Diffusion中的大模型是指那些经过训练以生成高质量、多样性和创新性图像的深度学习模型，这些模型通常由大型训练数据集和复杂的网络结构组成，能够生成与输入图像相关的各种风格和类型的图像。

大模型在Stable Diffusion中起着至关重要的作用，通过结合大模型的绘画能力，可以生成各种各样的图像。这些大模型还可以通过反推提示词的方式来实现图生图，使得用户可以通过上传图片或输入提示词来生成相似风格的图像。

通常情况下，安装完Stable Diffusion之后，其中只有一两个大模型，如果想要让Stable Diffusion画出更多风格的图像，则需要给它安装更多的大模型。大模型的扩展名通常为.safetensors或.ckpt，同时它的体积较大，一般在3～8GB。

下面以“绘世”启动器为例，介绍通过SD启动器下载模型的操作方法。

步骤 01 打开“绘世”启动器程序，在主界面左侧单击“模型管理”按钮进入其界面，默认进入“Stable Diffusion模型”选项卡，下面的列表中显示的都是大模型，选择相应的大模型后，单击“下载”按钮，如图1-21所示。

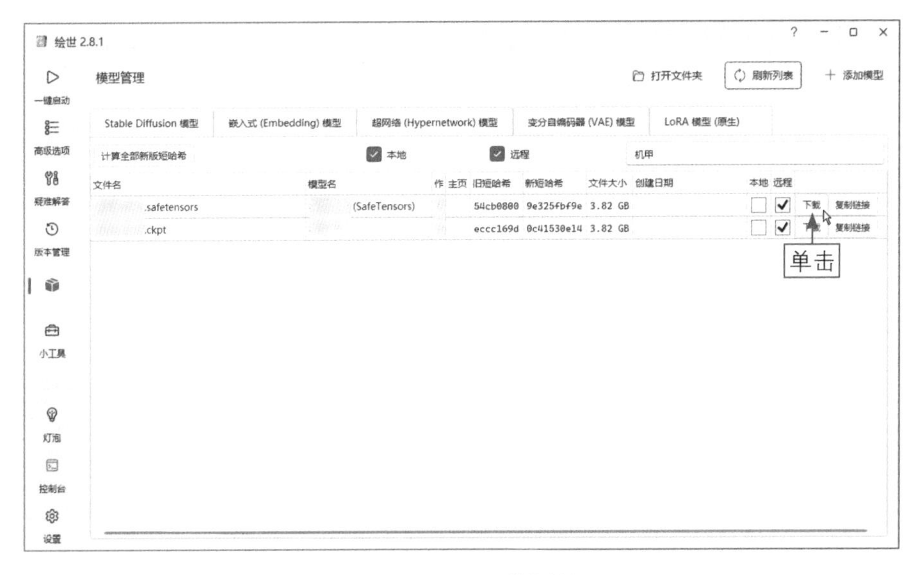

图 1-21　单击“下载”按钮

★ 温馨提示 ★

“绘世”启动器内置了与计算机系统隔离的Python环境和Git（一款分布式源代码管理工具），让用户可以轻松地使用Stable Diffusion WebUI（简称SD WebUI），而无须考虑网络需求和Python环境的限制。

步骤 02 执行操作后，在弹出的命令行窗口中，根据提示按【Enter】键确认，即可自动下载相应的大模型，底部会显示下载进度和速度，如图1-22所示。

图 1-22　显示下载进度和速度

步骤 03 大模型下载完成后，在“Stable Diffusion模型”下拉列表框的右侧单击“SD模型：刷新”按钮🔄，如图1-23所示。

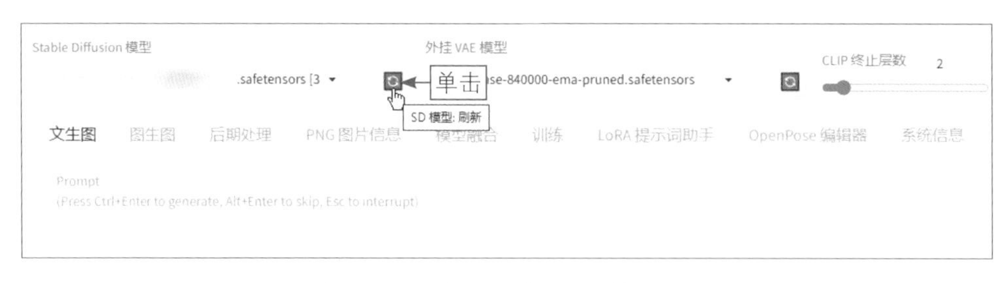

图 1-23　单击“SD 模型：刷新”按钮

步骤 04 执行操作后，即可在“Stable Diffusion模型”下拉列表框中显示安装好的大模型，如图1-24所示。

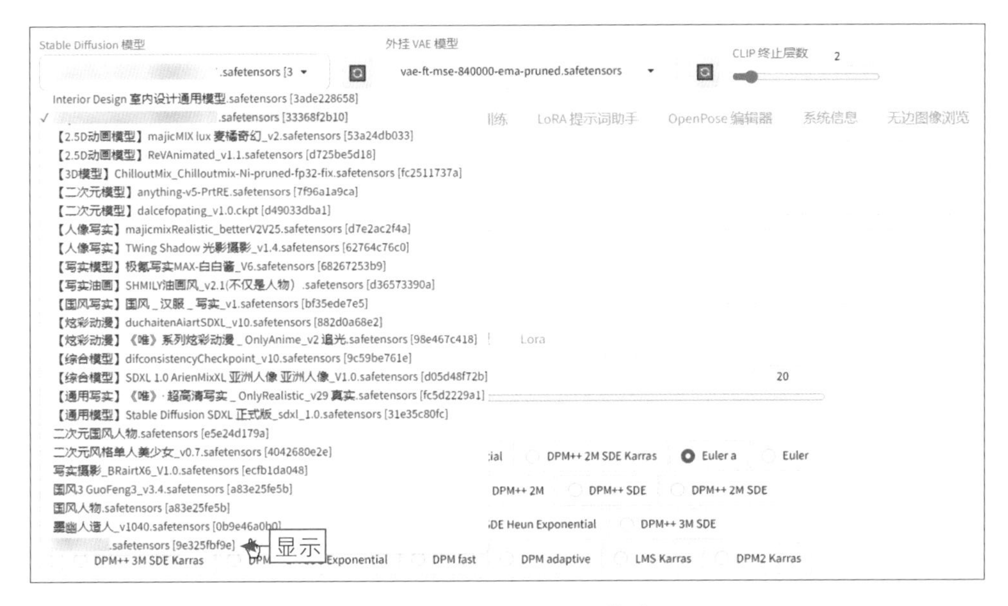

图 1-24 显示安装好的大模型

1.2.2 下载LoRA模型

扫码看教学视频

除了通过“绘世”启动器程序下载大模型或其他模型，用户还可以去CIVITAI、LiblibAI等模型网站下载更多的模型。图1-25所示为LiblibAI的“模型广场”页面，用户可以单击相应的标签来筛选自己需要的模型。

图 1-25 LiblibAI 的“模型广场”页面

下面以LiblibAI网站为例，介绍下载LoRA模型的操作方法。

步骤01 在“模型广场”页面中，用户可以根据缩略图来选择相应的LoRA模型（左上角显示LORA标签），如图1-26所示。

图 1-26　选择相应的 LoRA 模型

步骤02 执行操作后，进入该LoRA模型的详情页面，单击页面右侧的“下载”按钮，如图1-27所示，即可下载所选的LoRA模型。

图 1-27　单击“下载”按钮

步骤03 下载好模型后，还需要将其存放到对应的文件夹中，才能让Stable Diffusion识别到这些模型。通常情况下，大模型存放在SD安装目录下的sd-webui-aki-v4.4\models \Stable-diffusion文件夹中，LoRA模型放入sd-webui-aki\sd-webui-aki-v4\models\Lora文件夹中，如图1-28所示。

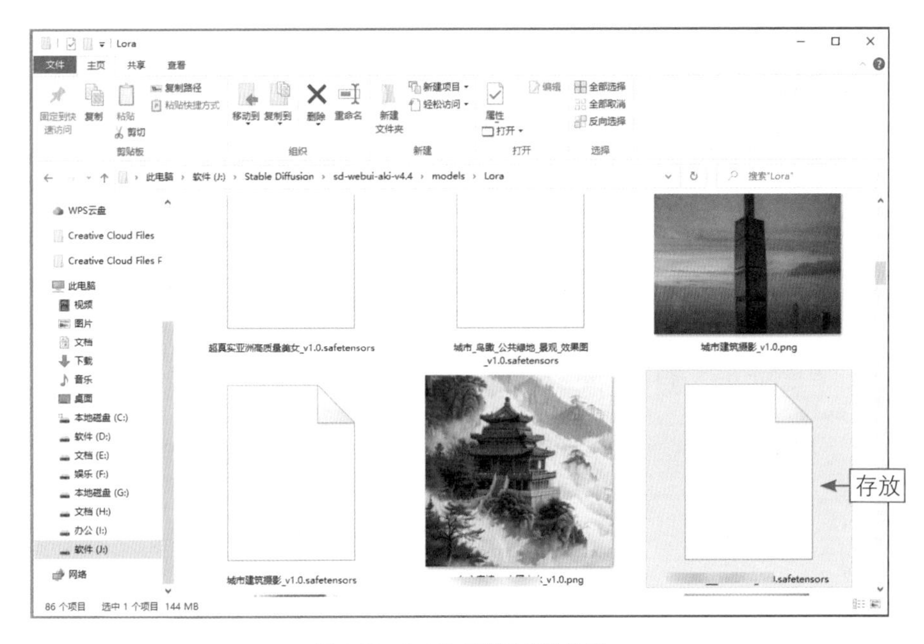

图 1-28　LoRA 模型的存放位置

☆ 专家提示 ☆

用户可以在对应模型的文件夹中放一张该模型生成的效果图，然后设置图片名称与模型名称一致，这样在Stable Diffusion的Lora选项卡中即可显示对应的模型缩略图，如图1-29所示，便于用户更好地选择模型。

图 1-29　显示模型缩略图

1.2.3　下载扩展插件

扫码看教学视频

Stable Diffusion中的扩展插件非常丰富，而且功能多种多样，能够帮助用户提升AI绘画的出图质量和效率。下面以最常用的

ControlNet插件为例，介绍下载和安装该扩展插件的具体操作。

步骤 01 进入Stable Diffusion中的“扩展”页面，切换至“可下载”选项卡，单击“加载扩展列表”按钮，如图1-30所示。

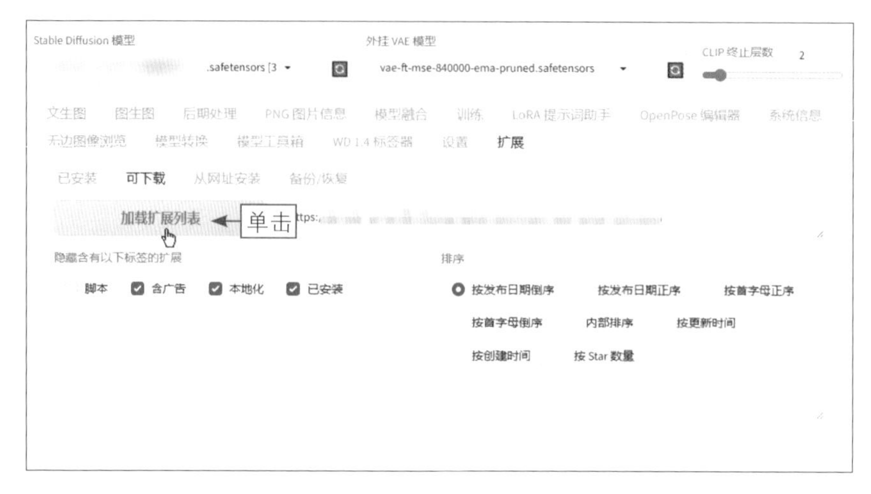

图 1-30　单击“加载扩展列表”按钮

步骤 02 执行操作后，即可加载扩展列表，在搜索框中输入ControlNet，即可在下方的列表中显示相应的ControlNet插件，单击右侧的“安装”按钮，如图1-31所示，即可自动安装。注意，如果计算机中已经安装了ControlNet插件，则列表中可能不会显示该插件。

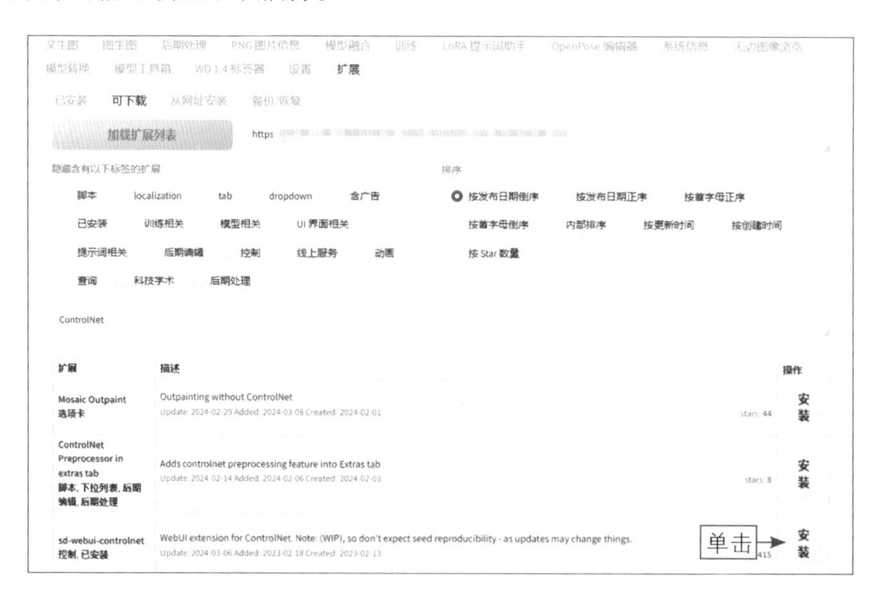

图 1-31　单击“安装”按钮

★ 温馨提示 ★

ControlNet插件安装完成后，需要重启WebUI。需要注意的是，必须完全重启WebUI。如果用户从本地启动WebUI，需要重启Stable Diffusion的启动器；如果用户使用云端部署，则需要暂停Stable Diffusion的运行，再重新开启Stable Diffusion。

首次安装ControlNet插件后，在“模型”下拉列表框中是看不到任何模型的，因为ControlNet的模型需要单独下载，只有下载ControlNet必备的模型后，才能正常使用ControlNet插件的相关功能。

步骤 03 在Hugging Face网站中进入ControlNet模型的下载页面，单击相应模型栏中的Download file（下载文件）按钮⤓，如图1-32所示，即可下载模型。注意，这里必须下载扩展名为.pth的文件，文件大小一般为1.45GB。

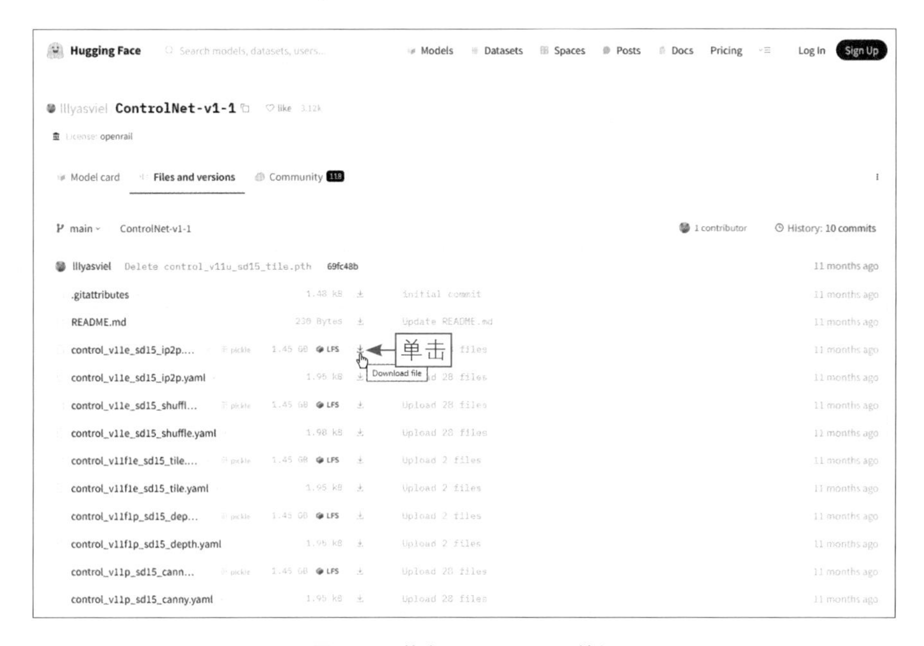

图 1-32　单击 Download file 按钮

★ 温馨提示 ★

在下载ControlNet模型时，需要注意文件名中v11后面的字母。其中，字母p表示该版本可供下载和使用；字母e表示该版本正在进行测试；字母u表示该版本尚未完成。

步骤 04 ControlNet模型下载完成后，将模型文件存放到SD安装目录下的sd-webui-aki-v4.4\extensions\sd-webui-controlnet\models文件夹中，即可完成ControlNet模型的安装，如图1-33所示。

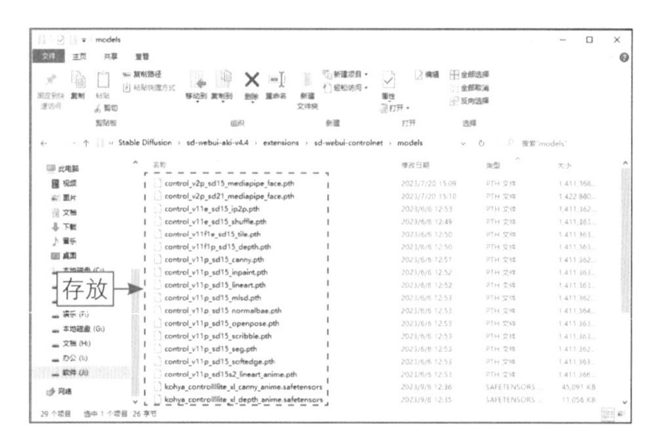

图 1-33　将模型文件存放到相应的文件夹

1.3　Stable Diffusion的基本功能

简单来说，Stable Diffusion WebUI就像一间装满了先进绘画工具的工作室，用户可以在这里尽情发挥自己的创作灵感，创造出一个个令人惊艳的艺术作品。本节将介绍Stable Diffusion的常用AI绘画功能，如文生图、图生图和后期处理等。

1.3.1　文生图

扫码看教学视频

使用Stable Diffusion可以非常轻松地实现文生图，只要输入一段文本描述（即提示词），它就可以在几秒内生成一张精美的图片，效果如图1-34所示。

图 1-34　效果展示

下面介绍Stable Diffusion文生图功能的使用方法。

步骤 01 进入"文生图"页面，选择一个写实类的大模型，输入相应的提示词，指定生成图像的画面内容，如图1-35所示。

图 1-35　输入相应的提示词

步骤 02 在页面下方设置"采样方法（Sampler）"为DPM++ 2M Karras、"宽度"为800、"高度"为500，如图1-36所示。DPM++ 2M Karras采样器可以生成高质量图像，适合生成写实人像或刻画复杂的场景，而且步幅（即迭代步数）越大细节刻画效果越好。

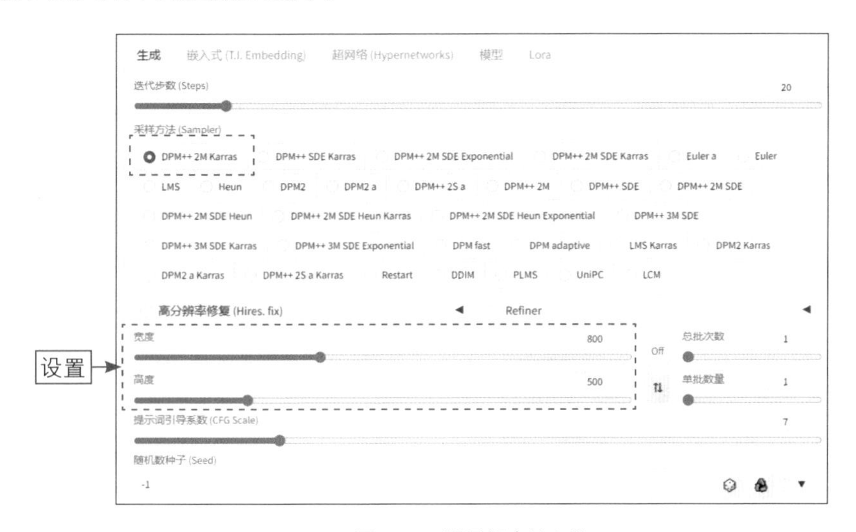

图 1-36　设置相应的参数

步骤 03 单击"生成"按钮，即可根据提示词生成相应的图像，效果见图1-34。

1.3.2　图生图

扫码看教学视频

图生图（Image to Image）是一种基于深度学习技术的图像生成方法，它可以将一张图片通过转换得到另一张与之相关的新图片，这种技术广泛应用于计算机图形学、视觉艺术等领域。Stable Diffusion的图生图功能允许用户输入一张图片，并通过添加文本描述的方式输出修改后的新图片，原图与效果图对比如图1-37所示。

图 1-37　原图和效果图对比

下面介绍Stable Diffusion图生图功能的使用方法。

步骤 01 进入“图生图”页面，上传一张原图，如图1-38所示。

步骤 02 在页面上方的“Stable Diffusion模型”下拉列表框中，选择一个二次元风格的大模型，如图1-39所示。

图 1-38　上传一张原图

图 1-39　选择二次元风格的大模型

步骤03 在页面下方设置“迭代步数（Steps）”为30、“采样方法（Sampler）”为DPM++ 2M Karras，让图像细节更丰富、精细，如图1-40所示。

图 1-40　设置相应的参数

★ 温馨提示 ★

迭代步数（Steps）是指输出画面需要的步数，其作用可以理解为“控制生成图像的精细程度”，Steps值越高，生成的图像细节越丰富、精细。不过，增加Steps的同时也会增加图像的生成时间，减少Steps则可以加快图像的生成。

Stable Diffusion的迭代采用的是分步渲染的方法。分步渲染是指在生成同一张图片时，分多个阶段使用不同的提示词进行渲染。在整张图片基本成型后，再通过添加文本描述进行细节的渲染和优化。这种分步渲染需要在照明、场景等方面有一定的美术技巧，才能生成逼真的图像效果。

Stable Diffusion的每一次迭代都是在上一次生成的基础上进行渲染的。一般来说，Steps保持在18～30范围内，即可生成较好的图像效果。如果Steps设置得过低，可能会导致图像生成不完整，关键细节无法呈现；而Steps设置得过高则会大幅增加生成时间，但对图像效果提升的边际效益较小，仅对细节进行轻微优化，因此可能会得不偿失。

步骤04 设置“重绘幅度”为0.5，让新图更接近原图，如图1-41所示。

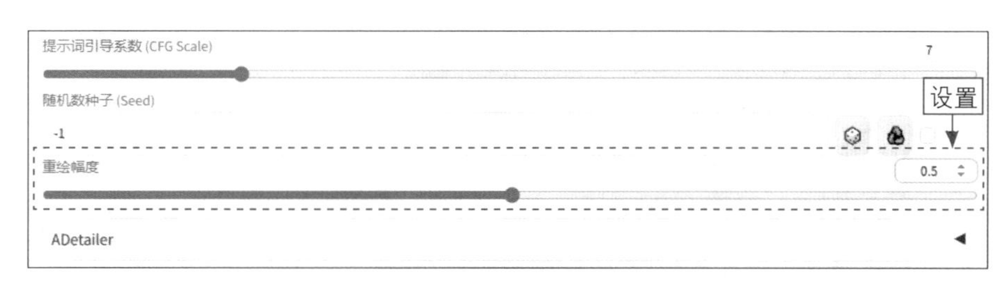

图 1-41　设置“重绘幅度”参数

步骤05 在页面上方输入相应的提示词，重点写好反向提示词，避免产生低画质效果，如图1-42所示。

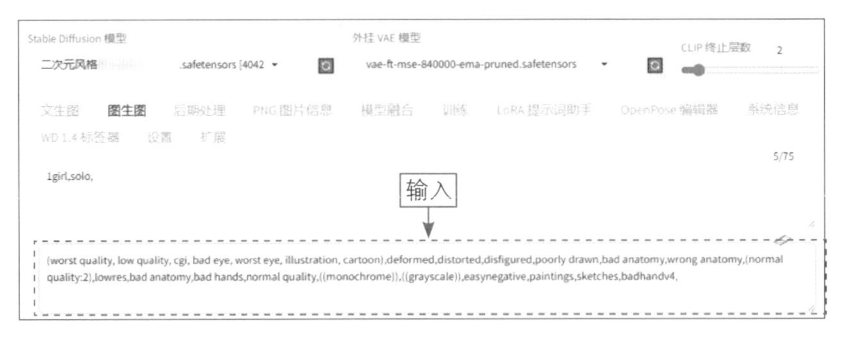

图 1-42　输入相应的提示词

步骤06 单击“生成”按钮，即可通过Stable Diffusion的图生图功能将真人照片转换为二次元风格，效果见图1-37（右图）。

1.3.3　后期处理

扫码看教学视频

当用户通过各种提示词生成图像后，还可以将图像发送到Stable Diffusion的“后期处理”页面中，快速缩放和修复图像，让这些提示词的出图效果更加完美。例如，在“后期处理”页面的“单张图片”选项卡中，设置“缩放倍数”参数可以对图像进行放大处理，效果如图1-43所示。

图 1-43　效果展示

下面介绍Stable Diffusion后期处理功能的使用方法。

步骤 01 进入“后期处理”页面，在“单张图片”选项卡中单击“点击上传”超链接，如图1-44所示。弹出“打开”对话框，选择相应的原图。

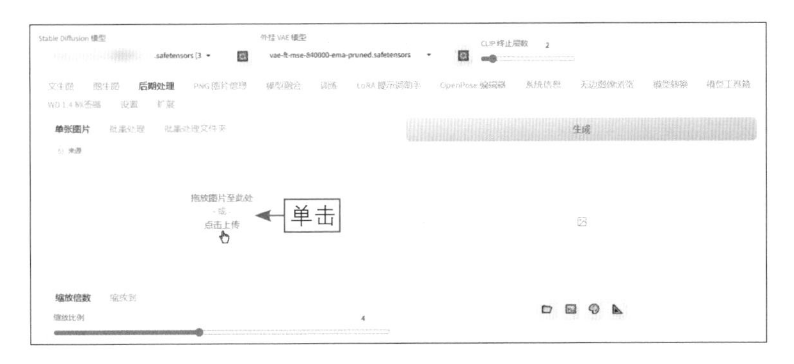

图 1-44　单击“点击上传”超链接

步骤 02 单击“打开”按钮，即可上传一张原图，如图1-45所示。

图 1-45　上传一张原图

步骤 03 在页面下方的“放大算法1”下拉列表框中选择R-ESRGAN 4x+选项，这是一种适合写实类图像的放大算法，如图1-46所示。

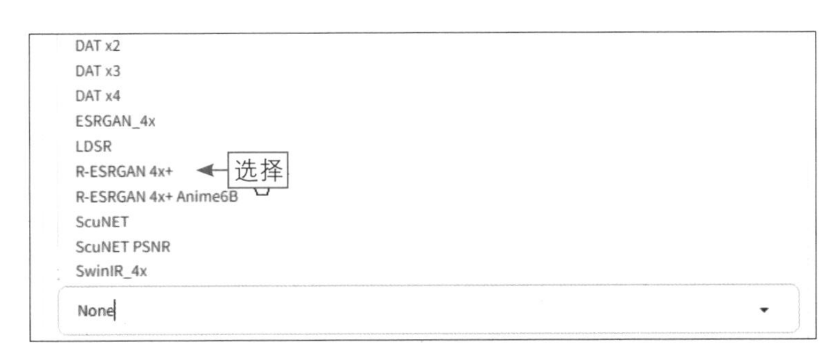

图 1-46　选择 R-ESRGAN 4x+ 选项

步骤04 “放大算法2”下拉列表框中的选项与“放大算法1”相同，用于实现叠加缩放效果，通常建议选择“无（None）”选项，如图1-47所示。

图 1-47　选择“无”选项

步骤05 在“缩放倍数”选项卡中，设置“缩放比例”为2，表示将图像放大两倍，如图1-48所示。

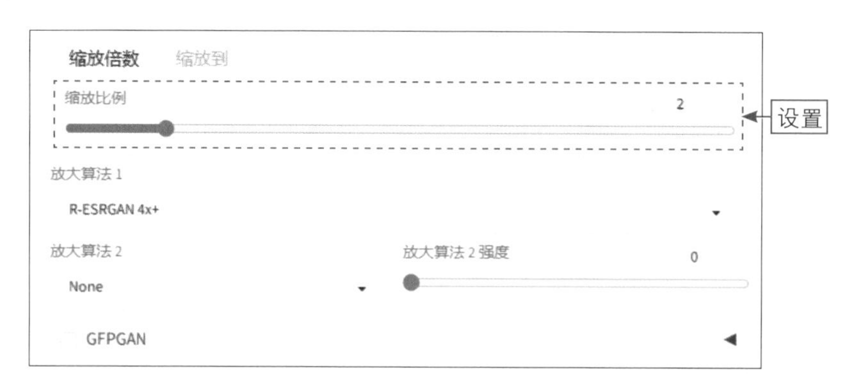

图 1-48　设置“缩放比例”参数

步骤06 单击“生成”按钮，即可生成相应的图像，保持原图画面内容不变的同时，并将其放大两倍，效果如图1-43。

第 2 章

动漫插图：生成《动漫故事》画作

在数字艺术和绘画领域中，Stable Diffusion正逐渐成为创作者们的“新宠”，它以强大的绘画能力和高效的工作流程，帮助大家实现了许多看似不可能的创作想法。本章将通过一个实操案例，探讨如何使用Stable Diffusion来绘制动漫插图，并展示其在实际创作过程中的实用性。

2.1 效果欣赏：《动漫故事》

本案例主要介绍《动漫故事》动漫插图的绘制技巧，采用的是2.5D（2.5Dimensions，二维半）动漫风格，这是一种独特的艺术形式，结合了立体造型和动漫人物的特点，能够创造出极具视觉冲击力的艺术作品，不仅在游戏、动画、漫画等娱乐领域备受欢迎，还广泛应用于广告、教育、设计等领域。本案例的最终效果如图2-1所示。

图 2-1 效果展示

2.2 动漫插图画作的绘制技巧

动漫插图是艺术作品中一道亮丽的风景线，它不仅赋予了创作者无限的想象空间，还给人们带来了无限的乐趣。本节主要介绍使用Stable Diffusion绘制动漫插图的基本流程，并深入探讨动漫人物绘制的相关技巧。

2.2.1　生成初步的图像效果

扫码看教学视频

下面主要通过输入提示词，然后使用基于基础算法V1.5.safetensors训练的2.5D动画类大模型，测试提示词的生成效果，具体操作方法如下。

步骤 01 进入“文生图”页面，选择一个2.5D动画类的大模型，输入相应的提示词，控制AI绘画时的主体内容和细节元素，如图2-2所示。

图 2-2　输入相应的提示词

步骤 02 适当设置生成参数，在“采样方法（Sampler）”选项区中选中Euler a单选按钮，设置“宽度”为640、“高度”为960，表示生成分辨率为640 × 960的图像，设置“总批次数”为2，可以理解为一次循环生成两张图片，如图2-3所示。

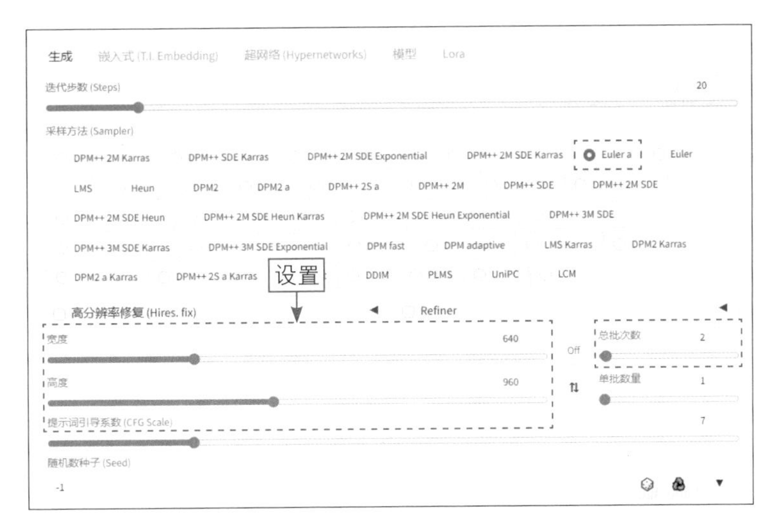

图 2-3　设置相应的生成参数

★ 温馨提示 ★

采样的简单理解就是执行去噪的方式，Stable Diffusion中的不同采样方法（Sampler）就相当于不同的画家，每种采样方法对图片的去噪方式都不一样，生成的图像风格也就不同。下面简单总结了一些常见Sampler的特点。

· 速度快：Euler系列、LMS系列、DPM++ 2M、DPM fast、DPM++ 2M Karras、DDIM系列。

· 质量高：Heun、PLMS、DPM++系列。

· tag（标签）利用率高：DPM2系列、Euler系列。

· 动画风：LMS系列、UniPC。

· 写实风：DPM2系列、Euler系列、DPM++系列。

步骤03 单击“生成”按钮，生成相应的图像，效果如图2-4所示，画面只是简单还原了提示词的内容，但离最终效果还有些差距。

图 2-4　生成相应的图像效果

2.2.2　切换SDXL 1.0大模型

扫码看教学视频

接下来更换SDXL 1.0版本（简称XL）的大模型，该模型在图像生成功能方面取得了重大进步，能够生成令人惊叹的视觉效果和逼真的美感，具体操作方法如下。

步骤01 在“Stable Diffusion模型”下拉列表框中，选择相应的SDXL 1.0版本的大模型，如图2-5所示。

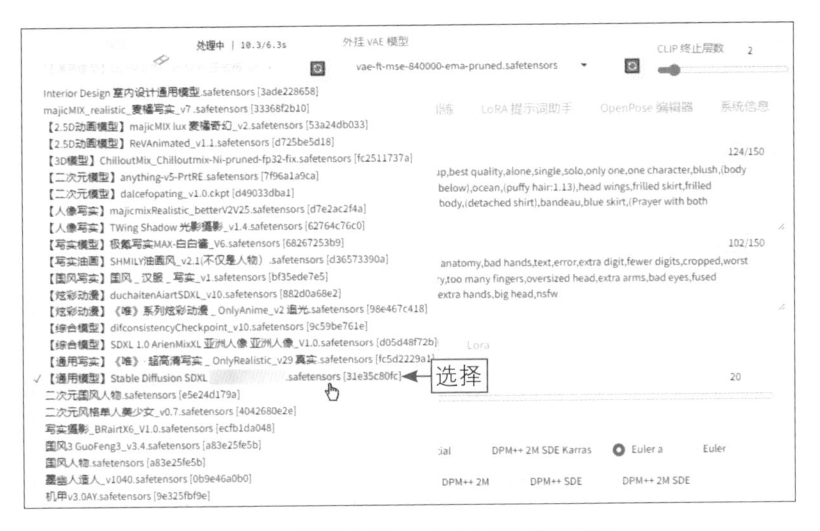

图 2-5　选择相应的 SDXL 1.0 版本的大模型

★ 温馨提示 ★

大模型（Checkpoint，检查点）就是基础底模型，又称为主模型或底模，SD主要是基于它来生成各种图像的。大模型之所以叫Checkpoint，是因为在模型训练到关键位置时，会将其存档，类似于人们在玩游戏时保存游戏进度，这样做可以方便后续的调用和回滚（撤销最近的更新或更改，回到之前的一个版本或状态）操作。例如，SD官方的v1.5模型就是在v1.2模型的基础上进行了一些调整而得到的。

Stable Diffusion生成的图像质量好不好，归根结底就是看Checkpoint好不好，因此要选择合适的大模型绘图。即使是完全相同的提示词，大模型不一样，图像的风格差异也会很大。

步骤 02 将“外挂VAE模型”设置为sdxl_vae.safetensors，如图2-6所示。变分自编码器（Variational Auto-Encoders，VAE）模型用于将图像编码为潜在向量，并从该向量解码图像以进行图像修复或微调。

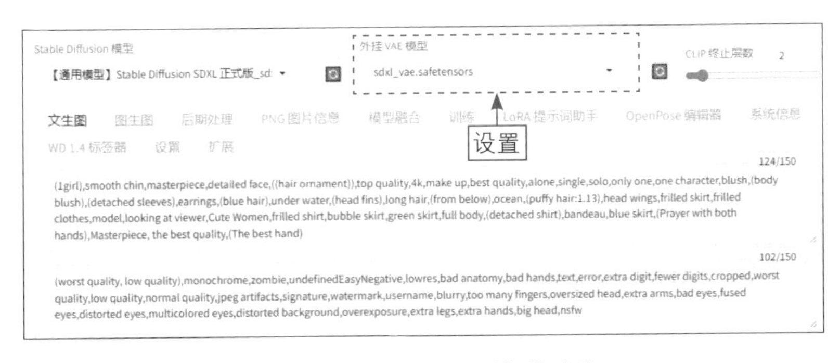

图 2-6　设置“外挂 VAE 模型”参数

★ 温馨提示 ★

作为Checkpoint模型的一部分，VAE模型并不像其他模型那样可以很好地控制图像内容，它主要是对大模型生成的图像进行修复。VAE模型由一个编码器和一个解码器组成，常用于AI图像生成，它也出现在潜在扩散模型中。编码器用于将图片转换为低维度的潜在表征（latents），然后将该潜在表征作为U-Net（U型网络）模型的输入；相反，解码器则用于将潜在表征重新转换回图片的形式。

在潜在扩散模型的训练过程中，编码器用于获取图片训练集的潜在表征，这些潜在表征用于前向扩散过程，每一步都会往潜在表征中增加更多噪声。在推理生成时，由反向扩散过程生成的denoised latents（经过去噪处理的潜在表征）被VAE的解码器部分转换回图像格式。因此，在潜在扩散模型的推理生成过程中，只需使用VAE的解码器部分。

步骤 03 设置“采样方法（Sampler）”为DPM++ 2M Karras，其他参数保持默认不变，单击“生成”按钮，生成相应的图像效果，如图2-7所示。SDXL 1.0大模型的图像都是基于1024 × 1024的分辨率训练的，因此生成的图像尺寸会更大，但无法将水下场景的效果画出来。

图 2-7　生成相应的图像效果

2.2.3　添加Niji风格的LoRA模型

扫码看教学视频

接下来在提示词中添加一个Niji风格的LoRA模型，能够带来独特的二次元和动漫风格图像生成效果，具体操作方法如下。

步骤 01 切换至Lora选项卡，在相应LoRA模型的右上角单击Edit metadata（编辑元数据）按钮，如图2-8所示。

图2-8　单击Edit metadata按钮

★ 温馨提示 ★

Niji风格强调角色的可爱、活泼和充满个性的特点，色彩鲜明且富有创意。在Niji风格的作品中，可以看到角色通常具有夸张的大眼睛、圆润的身体线条，以及丰富多彩的发色和服装。Niji风格的绘画作品往往会给人一种轻松、愉悦的感觉，深受动漫和二次元爱好者的喜爱。

步骤 02 在弹出的窗口中会显示该LoRA模型的元数据详情，在“Stable Diffusion 版本”下拉列表框中选择SDXL选项，如图2-9所示，这样做是为了让SDXL 1.0版本的大模型能够识别到该LoRA模型。

步骤 03 执行操作后，单击该窗口底部的“保存”按钮，如图2-10所示，即可保存设置。

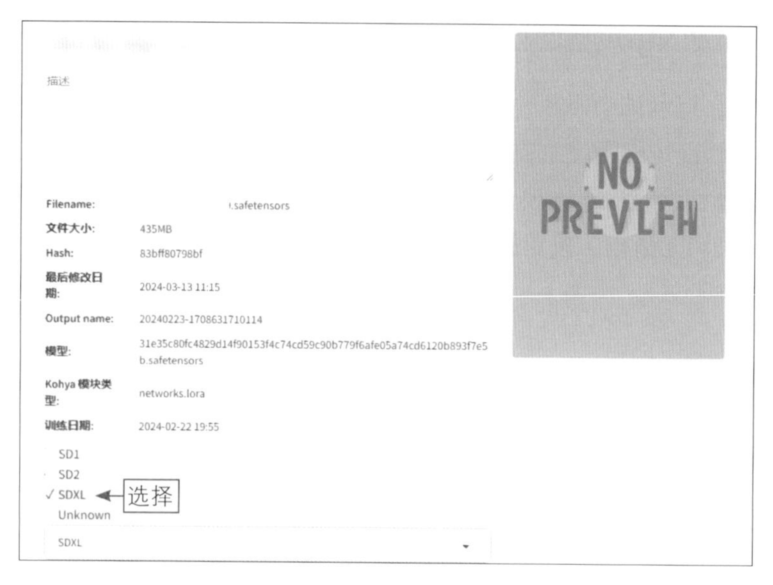

图 2-9　选择 SDXL 选项

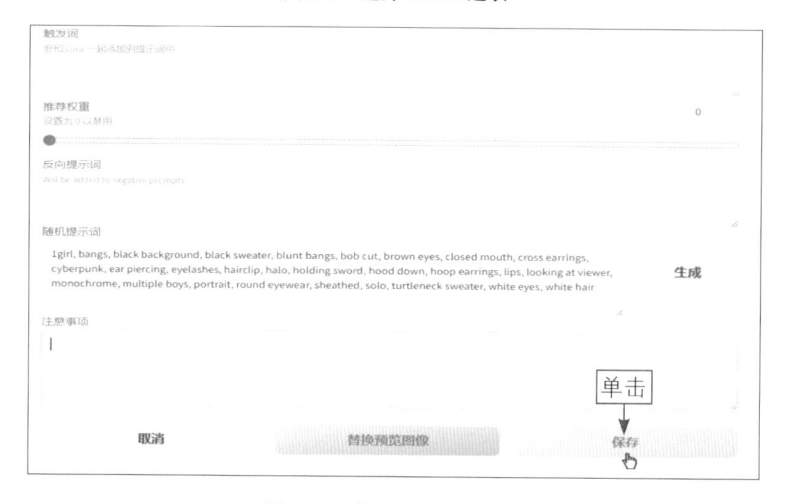

图 2-10　单击“保存”按钮

★ 温馨提示 ★

注意，这一步要在v1.5版本的大模型下操作，改完后再切换为SDXL 1.0版本的大模型。因为安装该LoRA模型后，直接在SDXL 1.0版本的大模型中是看不到该LoRA模型的。

另外，在SDXL 1.0版本的大模型中，用户可以通过在正向提示词和反向提示词中添加关键词来控制画面样式，也可以安装StyleSelectorXL扩展插件，将相同的预设样式列表添加到WebUI中，从而使用户能够轻松选择和应用不同的样式。

步骤04 将LoRA模型添加到提示词输入框中，设置其权重值为0.9，使AI的出图效果更偏Niji风格，如图2-11所示。

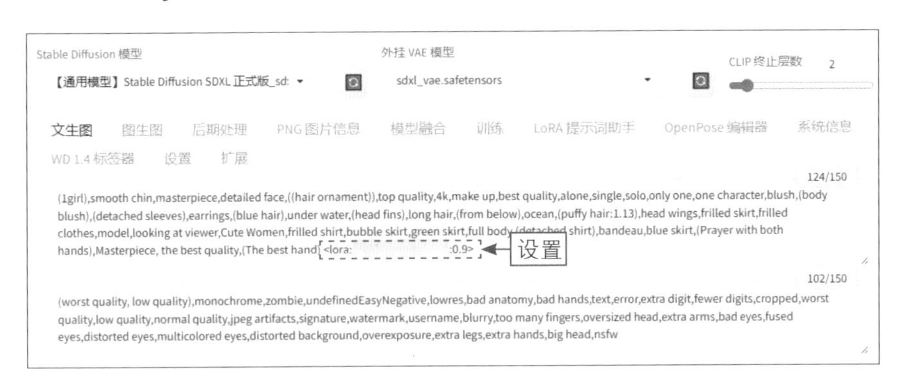

图 2-11　添加 LoRA 模型并设置其权重值

2.2.4　生成并放大图像效果

扫码看教学视频

最后利用Stable Diffusion的“后期处理”功能快速放大图像，可以直接将生成的效果图放大两倍，让图像细节更加清晰，具体操作方法如下。

步骤01 设置“总批次数”为1，保持其他生成参数不变，单击“生成”按钮，即可生成相应的图像，在图像下方单击“发送图像和生成参数到后期处理选项卡”按钮，如图2-12所示。

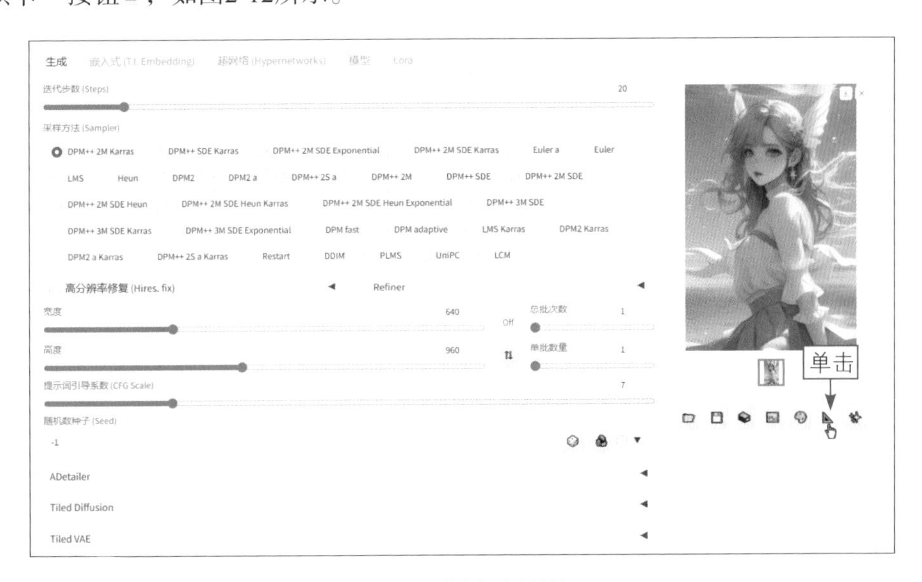

图 2-12　单击相应的按钮

步骤 02 执行操作后，进入“后期处理”页面中的“单张图片”选项卡，设置“缩放比例”为2、“放大算法1”为R-ESRGAN 4x+ Anime6B，单击“生成”按钮，即可将效果图放大两倍，如图2-13所示。

图 2-13　将效果图放大两倍

★ 温馨提示 ★

R-ESRGAN 4x+ Anime6B是一种适合二次元图像的放大算法，能够保持更多的细节和更高的清晰度，并且对线条和色彩的呈现也更加优秀。

第 3 章

艺术插画：生成《水墨古韵》画作

艺术插画作为一种兼具表现力和创造力的艺术形式，一直以来都受到广大艺术爱好者和设计师的青睐。而AI技术的介入，为艺术插画的创作注入了新的灵感。通过深度学习和图像处理等先进技术，AI能够模仿并创新出各种风格迥异的插画作品，本章将探索如何用AI生成一幅别具一格的《水墨古韵》画作。

3.1 效果欣赏：《水墨古韵》

传统山水画以其独特的笔墨韵味和深远的意境，深受人们喜爱。而 AI 技术的引入，则为这一传统艺术形式注入了新的活力。通过先进的算法和模型，可以让 AI 学习并模仿传统山水画的笔墨技巧和构图法则，从而生成一幅既具古典韵味又不失现代感的《水墨古韵》画作。本案例的最终效果如图 3-1 所示。

图 3-1　效果展示

3.2 艺术插画作品的绘制技巧

本节将通过详细的步骤讲解，引导读者了解如何使用Stable Diffusion进行艺术插画的绘制，并介绍一些常用的技巧，为读者提供更多关于艺术插画绘制的灵感和思路。

3.2.1　使用动画大模型生成初步图像

下面主要通过输入提示词，然后使用一个2.5D动画类的大模型来看看提示词的生成效果，具体操作方法如下。

步骤 01 进入“文生图”页面，选择一个2.5D动画类的大模型，输入相应的提示词，控制AI绘画时的主体内容和细节元素，如图3-2所示。

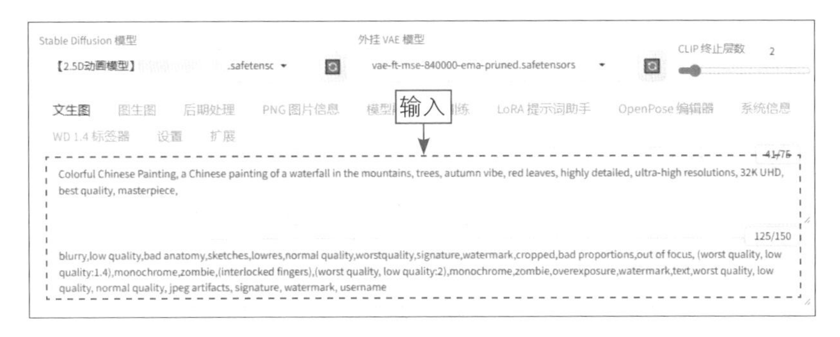

图 3-2　输入相应的提示词

步骤 02 在页面下方设置“采样方法(Sampler)”为DPM++ SDE Karras、“宽度”为640、“高度”为960、“总批次数”为2，如图3-3所示，DPM++ SDE Karras采样器会使用一种基于深度潜在模型和分数扩散方程的改进方法来生成图像。

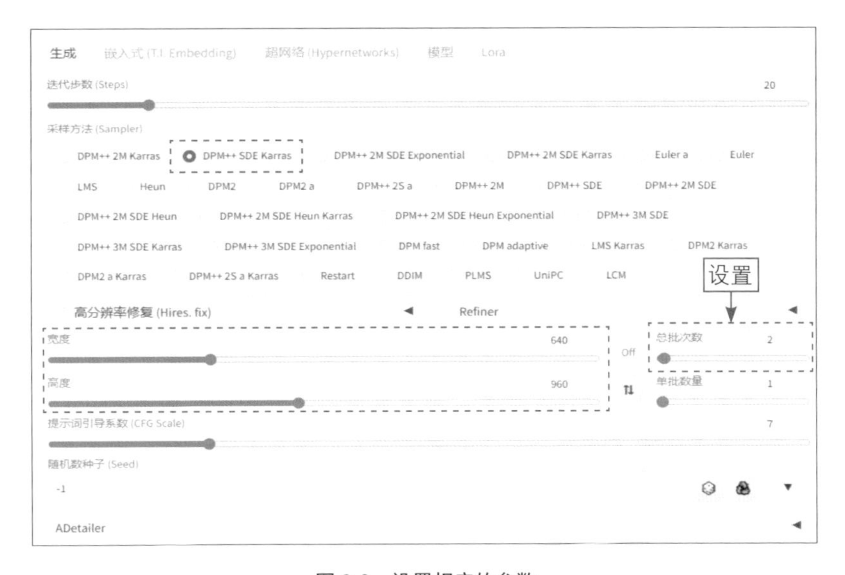

图 3-3　设置相应的参数

步骤 03 单击“生成”按钮，生成相应的图像，效果如图3-4所示，画面偏2.5D动漫风格，并没有出现水墨画的特征。

图 3-4　生成相应的图像效果

3.2.2　添加水墨画风格的LoRA模型

扫码看教学视频

接下来添加一个水墨山水画风格的LoRA模型，它能够生成具有独特水墨画风格的绘画作品，具体操作方法如下。

步骤 01 切换至LoRA选项卡，选择相应的LoRA模型，如图3-5所示。该LoRA模型的训练数据涵盖了大量的水墨画作品，能够生成逼真的水墨画效果。

图 3-5　选择相应的 LoRA 模型

步骤 02 执行操作后，即可将该LoRA模型添加到提示词输入框中，并加上相应的LoRA模型触发词，如图3-6所示。

图 3-6　将 LoRA 模型及其触发词添加到提示词输入框中

★ 温馨提示 ★

在使用LoRA模型时，需要谨慎处理。由于LoRA模型会对整个模型产生显著影响，因此赋予其过高的权重可能会导致画面严重变形。此外，不同LoRA模型对不同大模型的干扰程度也各不相同，因此用户需要进行测试以确定最佳权重值。

步骤 03 将“总批次数”设置为1，单击“生成”按钮，生成相应的图像，这是LoRA模型权重值为1的生成效果，元素的重复度比较高，因此画面看上去比较凌乱，如图3-7所示。

步骤 04 将LoRA模型的权重值设置为0.7，再次单击“生成”按钮，生成相应的图像，画面比较干净，基本达到了出图要求，效果如图3-8所示。

图 3-7　LoRA 模型权重值为 1 的生成效果

图 3-8　LoRA 模型权重值为 0.7 的生成效果

★ 温馨提示 ★

值得注意的是，当权重值为0时，LoRA模型实际上不会对图像产生任何影响。然而，当权重值增加至0.8以上时，图像有可能会出现失真现象。有些LoRA模型甚至会在权重值为0.5时，画风和背景风格都会发生改变。

因此，在实际应用中，建议从0.1开始逐渐增加LoRA模型的权重，以测试该LoRA模型所能承受图像不失真的极限值。

3.2.3 开启高分辨率修复功能

扫码看教学视频

接下来开启“高分辨率修复”功能，让Stable Diffusion对图像分辨率进行扩大，直接生像素较高的图像，具体操作方法如下。

步骤01 展开“高分辨率修复（Hires.fix）”选项区，选择Latent放大算法，“放大倍数”默认设置为2，也就是说可以放大两倍，如图3-9所示。

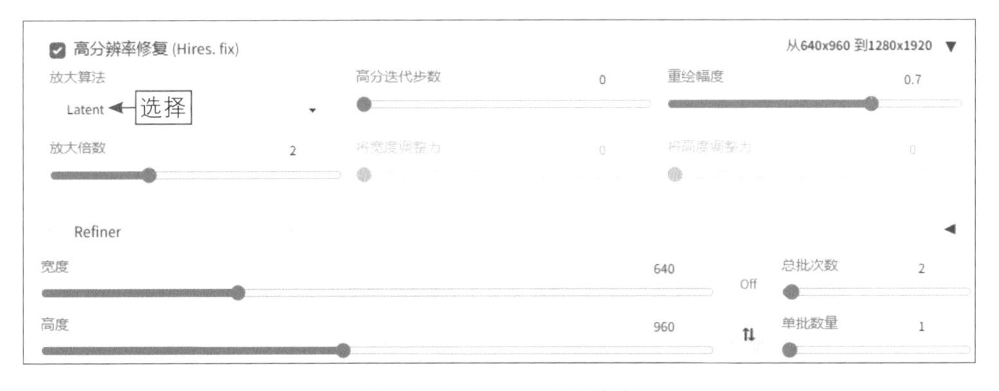

图 3-9　选择 Latent 放大算法

★ 温馨提示 ★

Latent是一种基于潜在空间的放大算法，可以在潜在空间中对图像进行缩放，它在文本到图像生成的采样步骤之后完成，与图像到图像的转换过程相似。

Latent放大算法不会像其他升级器（如ESRGAN）那样可能引入升级伪影（upscaling artifacts），因为它的原理与Stable Diffusion一致，都是使用相同的解码器生成图像，从而确保图像风格的一致性。Latent放大算法的不足之处在于，它会在一定程度上改变图像内容，具体取决于重绘幅度（也可以称为去噪强度）的值。通常情况下，重绘幅度的值建议高于0.5，否则可能会得到模糊的图像效果。

重绘幅度是指在生成图像时，在原始图像上添加的噪点数量。具体而言，重绘幅度值为0，表示不添加任何噪点，即完全不进行重绘；而重绘幅度值为1，则表示整个图像会被随机噪点完全替代，从而产生与原始图像完全无关的新图像。

通常情况下，当重绘幅度值为0.5时，会导致颜色和光影发生显著改变；而当该值为0.75时，可能会使图像的结构和人物姿态产生明显的改变。因此，通过调整重绘幅度值，可以实现对图像不同程度的再创作。

步骤02 设置“总批次数”为2，单击“生成”按钮，即可同时生成两张图片，画面细节会比之前的生成效果更清晰，如图3-10所示。

图3-10　生成两张图片

3.2.4　使用Lineart（线稿）控图

利用Lineart（线稿）功能可以检测出原图中的线稿，从而对画面构图进行控制，具体操作方法如下。

扫码看教学视频

步骤01 展开ControlNet选项区，上传一张原图，分别选中“启用”复选框（启用ControlNet插件）、“完美像素模式”复选框（自动匹配合适的预处理器分辨率）、“允许预览”复选框（预览预处理结果），如图3-11所示。

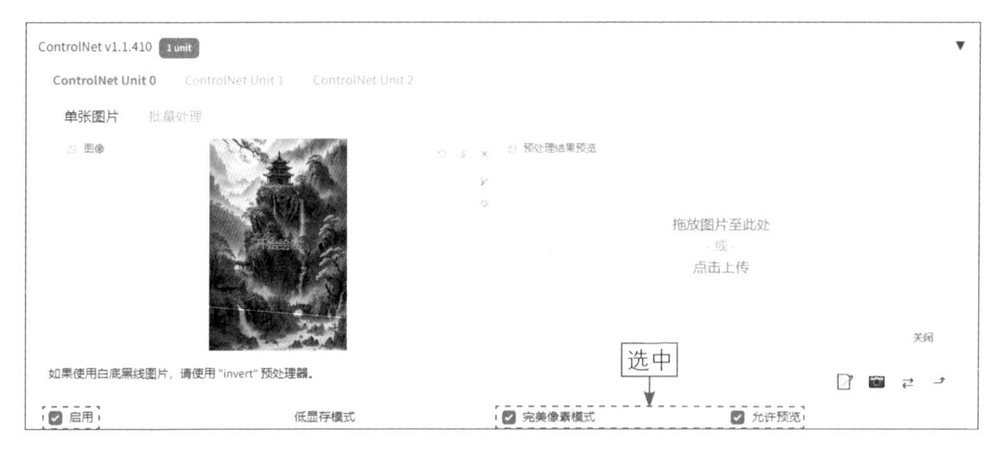

图 3-11　分别选中相应的复选框

步骤 02 在ControlNet选项区下方，选中“Lineart（线稿）”单选按钮，并分别选择lineart_standard（from white bg & black line，标准线稿提取—白底黑线反色）预处理器和相应的模型，如图3-12所示，该模型能够检测出图像的整体框架。

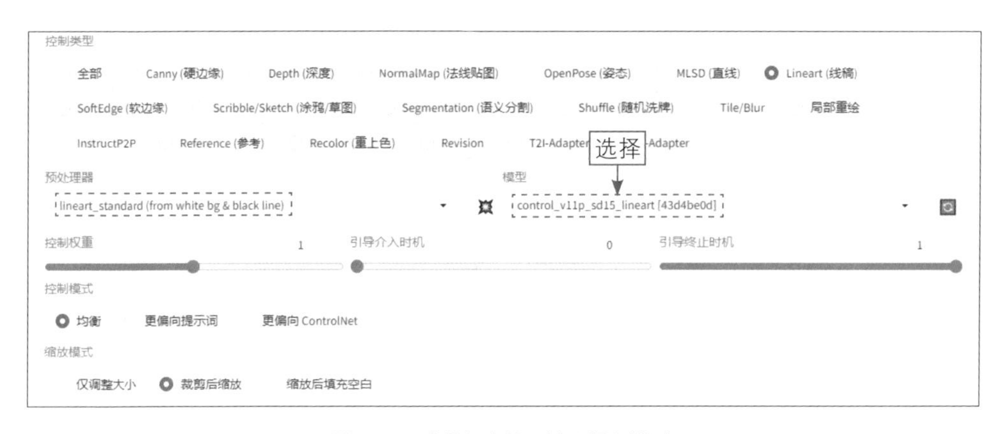

图 3-12　选择相应的预处理器和模型

★ 温馨提示 ★

Lineart中还提供了以下几个预处理器。

❶ Lineart_anime（动漫线稿提取）：用于生成动漫风格的线稿或素描图像。

❷ Lineart_anime_denoise（动漫线稿提取—去噪）：在应用Lineart_anime模型时进行噪声消除或降噪处理。

❸ Lineart_coarse（粗糙线稿提取）：用于生成粗糙线稿或素描图像。

❹ Lineart_realistic（写实线稿提取）：用于生成写实物体的真实线稿或素描图像。

❺ invert（from white bg&black line，对白色背景黑色线条图像反相处理）：用于将输入的图像进行颜色反转，生成类似于底片反转的效果。

步骤 03 单击Run preprocessor（运行预处理程序）按钮💥，即可生成线稿轮廓图，将白色背景和黑色线条的图像转换为线稿，如图3-13所示。

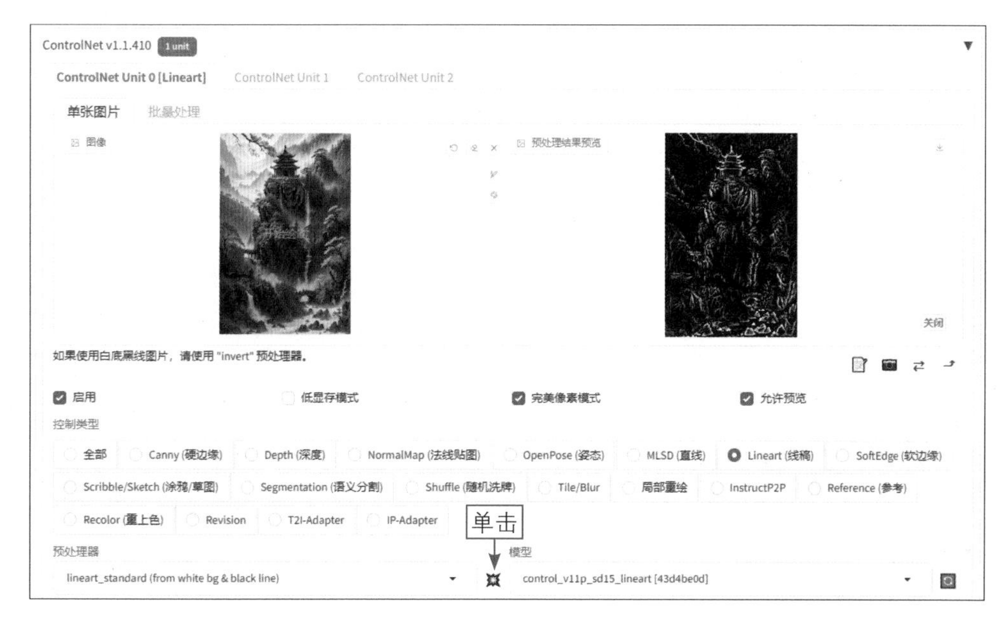

图 3-13　生成线稿轮廓图

步骤 04 设置“总批次数”为1，单击“生成”按钮，即可根据线稿图来控制画面的构图，使生成的图像更加自然和真实，效果见图3-1。

第 4 章

写实风景：生成《风光摄影》画作

写实风景照片以其细腻的画质和真实的场景还原，一直受到广大摄影爱好者和艺术家的青睐。如今，AI也学会了如何捕捉风景中的光影变化、色彩搭配及细节纹理，根据用户输入的指令或参考图像，自动生成高度逼真的写实风景照片。这些照片不仅具有出色的画质和细节表现，还能够呈现出独特的艺术风格和视觉效果。

4.1　效果欣赏：《风光摄影》

随着人工智能技术的不断突破，利用AI生成写实风景照片已成为现实。本案例将深入探讨如何用AI巧妙地将自然之美与数字艺术的魅力完美地融合在一起，生成独特的《风光摄影》画作，最终效果如图4-1所示。

图 4-1　效果展示

4.2　写实风景画作的绘制技巧

在AI绘画技术的助力下，用户可以轻松地绘制出令人惊叹的写实风景。本节将探讨一些AI写实风景画作的绘制技巧，帮助大家开启创作之旅，展现大自然的壮丽与美妙。

4.2.1　使用CLIP反推提示词

扫码看教学视频

使用CLIP反推提示词是指根据用户在“图生图”页面中上传的图片，使用自然语言来描述图片信息。由于CLIP已经学习了大量的图像和文本对，因此可以生成相对准确的文本描述。从整体来看，CLIP喜欢反推自然语言风格的长句子提示词，这种提示词对AI的控制力度比较差，但是大体的画面内容还是基本一致的，只是风格变化较大。

下面介绍使用CLIP反推提示词的操作方法。

步骤 01 进入Stable Diffusion中的“图生图”页面，在“图生图”选项卡中单击“点击上传”超链接，如图4-2所示。

步骤 02 执行操作后，在弹出的“打开”对话框中选择相应的素材图片，单击“打开”按钮即可上传一张原图，作为AI生成新图时的参考图像，如图4-3所示。

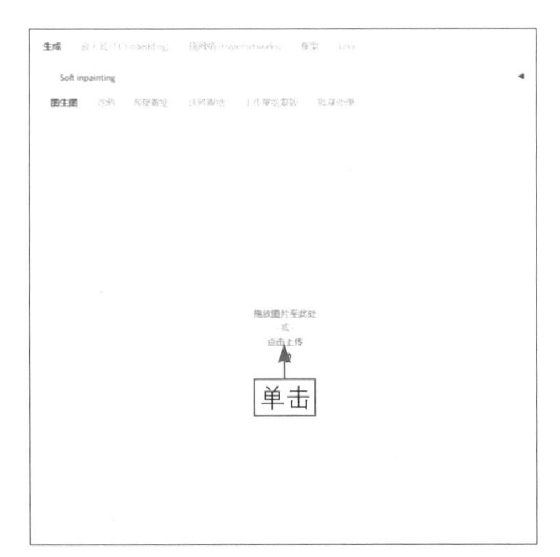

图 4-2 单击“点击上传”超链接

图 4-3 上传一张原图

步骤 03 在“生成”按钮下方，单击“CLIP反推”按钮，如图4-4所示。

图 4-4 单击“CLIP 反推”按钮

步骤 04 稍等片刻（时间较长），即可在正向提示词输入框中反推出原图的提示词，并输入相应的反向提示词，如图4-5所示。

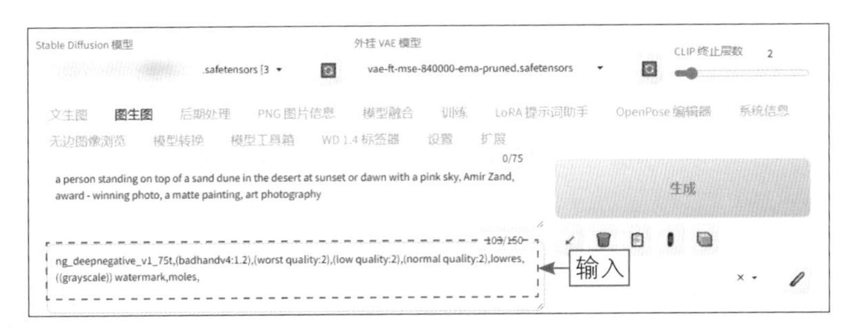

图 4-5　输入相应的反向提示词

★ 温馨提示 ★

CLIP反推的提示词并不是直接从图像生成文本，而是通过训练好的模型将给定的图像与文本描述进行关联。通过训练模型来学习图像和文本之间的映射关系，CLIP模型能够理解图像中的内容并将其与相应的文本描述关联起来。

需要注意的是，CLIP生成的文本描述可能与原始提示词并不完全一致，但仍然能够传达图像的主要内容。

步骤 05 选择一个写实类的大模型，适当设置生成参数，单击“生成”按钮，可以看到根据提示词生成的图像基本符合原图的各种元素，但由于模型和生成参数设置的差异，图片还是会有所不同，效果如图4-6所示。

图 4-6　根据提示词生成的图像效果

★ 温馨提示 ★

在利用AI绘画的过程中，人们常常会遇到这种情况：看到其他人创作了一张令人惊叹的图片，但图片中没有提供任何Prompt，让人难以使用合适的提示词来描述该画面。

面对这种情况，可以反推这张图片的提示词。反推提示词是Stable Diffusion图生图中的功能之一，能够实现“以图生文”的效果。图生图的基本逻辑是通过上传的图片，使用反推提示词或自主输入提示词，基于所选的Stable Diffusion模型生成风格相似的图片。

4.2.2 设置缩放模式让出图效果更合理

扫码看教学视频

当原图和用户设置的新图尺寸参数不一致的时候，用户可以通过“缩放模式”选项来选择图片处理模式，让出图效果更合理，具体操作方法如下。

步骤01 在“图生图”页面下方的“缩放模式”选项区中，默认选中的是“仅调整大小”单选按钮，如图4-7所示，在该缩放模式下Stable Diffusion会将图像大小调整为用户设置的目标分辨率，除非图片的分辨率与原图匹配，否则将获得不正确的横纵比。

步骤02 将“重绘幅度”设置为0.2，如图4-8所示，重绘幅度值越小，生成的新图越贴合原图的效果。

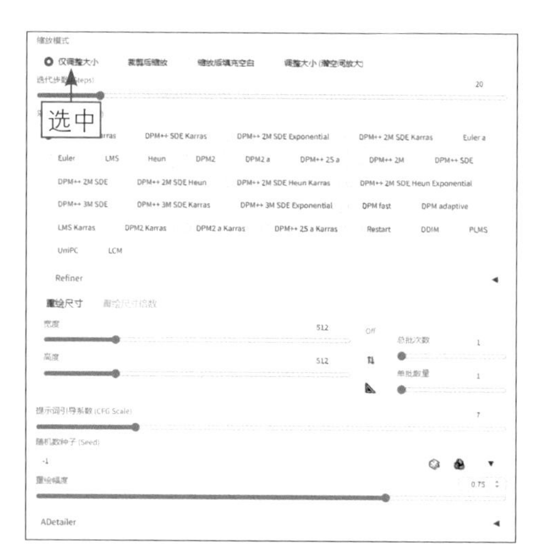

图4-7 默认选中“仅调整大小”单选按钮

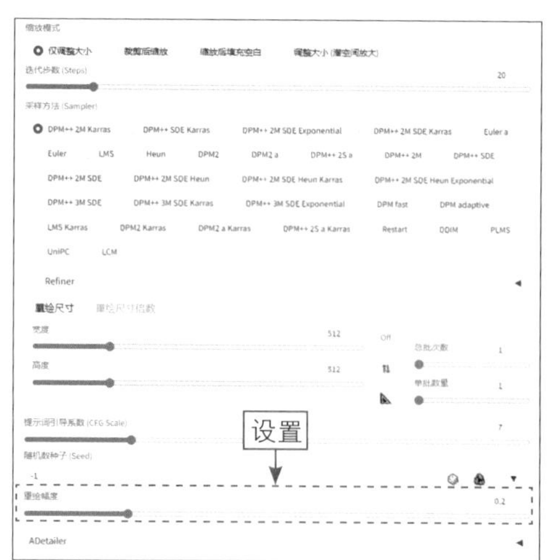

图4-8 设置“重绘幅度”参数

步骤03 单击“生成”按钮，即可使用“仅调整大小”模式生成相应的新图，由于原图的分辨率为980×661，而新图使用的则是默认的分辨率参数（512×512），可以看到图像有被轻微拉伸，原图与效果图对比如图4-9所示。

图 4-9　原图与效果图对比

步骤 04 在“图生图”页面下方的“缩放模式”选项区中，选中“裁剪后缩放”单选按钮，如图4-10所示。

步骤 05 单击“生成”按钮，即可使用“裁剪后缩放”模式生成相应的新图，此时Stable Diffusion会自动调整图像的大小，使整个目标分辨率都被图像填充，并裁剪多出来的部分，可以看到图像左右两侧的部分风景已经被裁掉了，效果如图4-11所示。

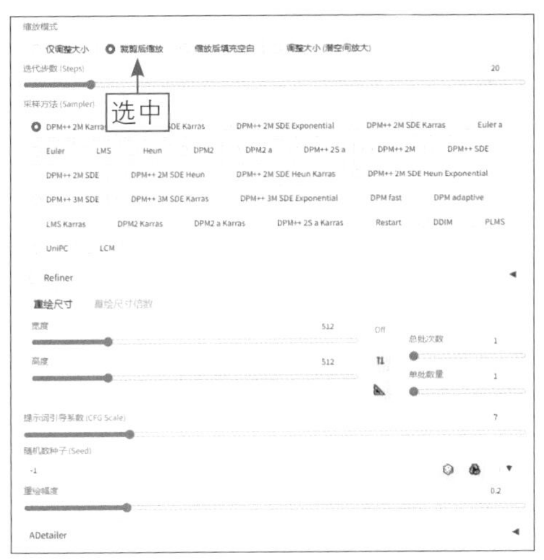

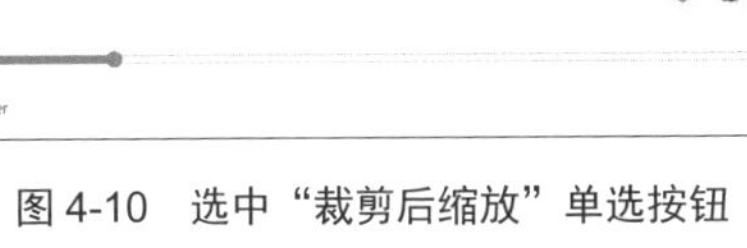

图 4-10　选中“裁剪后缩放”单选按钮

图 4-11　使用“裁剪后缩放”模式生成的图像效果

步骤 06 在“图生图”页面下方的“缩放模式”选项区中，选中“缩放后填充空白”单选按钮，如图4-12所示。

步骤 07 单击“生成”按钮，即可使用“缩放后填充空白”模式生成相应的新图，此时Stable Diffusion会自动调整图像大小，使整个图像处在目标分辨率内，同时用图像的颜色自动填充上下的空白区域，效果如图4-13所示。

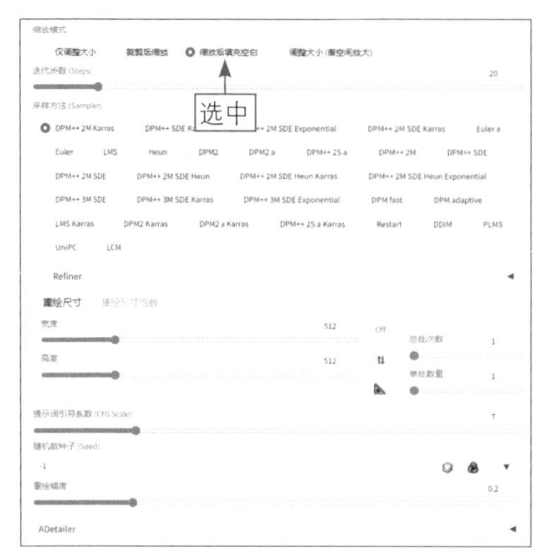

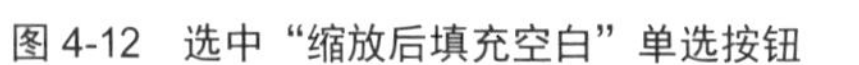
图 4-12　选中“缩放后填充空白”单选按钮

图 4-13　使用“缩放后填充空白”模式生成的图像效果

步骤 08 在“图生图”页面下方的“缩放模式”选项区中，选中“调整大小（潜空间放大）”单选按钮，如图4-14所示。

步骤 09 单击“生成”按钮，即可使用“调整大小（潜空间放大）”模式生成相应的新图，此时Stable Diffusion会直接操作图像的潜变量进行缩放，可以保留更多的图像细节和特征，不过由于重绘幅度值较低，导致生成的图像非常模糊，效果如图4-15所示。

图 4-14　选中相应的单选按钮

图 4-15　使用“调整大小（潜空间放大）”模式生成的图像效果

4.2.3　设置宽高参数改变图像尺寸

扫码看教学视频

图像尺寸即分辨率，指的是图片宽和高的像素数量，它决定了数字图像的细节再现能力和质量。下面介绍设置宽高参数改变图像尺寸的操作方法。

步骤 01 在页面下方设置“缩放模式”为“仅调整大小”，在“重绘尺寸”选项卡中单击“从图生图自动检测图像尺寸”按钮，如图4-16所示。

图 4-16　单击“从图生图自动检测图像尺寸”按钮

步骤 02 执行操作后，即可自动检测出图像尺寸，并填入“宽度”和“高度”文本框中，表示生成分辨率为980×661的宽图，如图4-17所示。

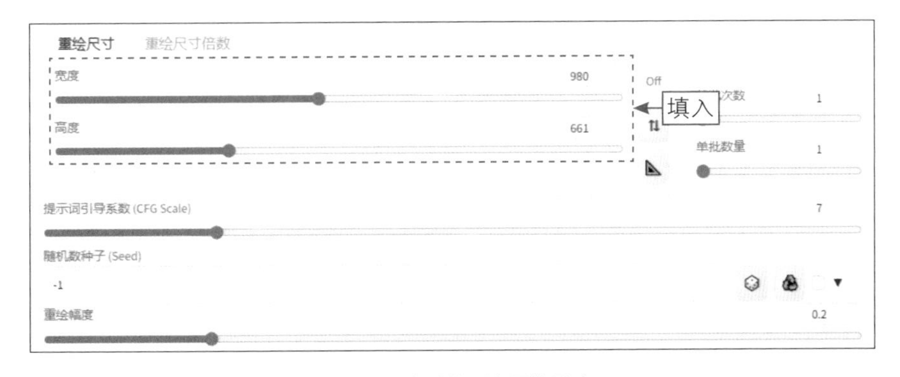

图 4-17　自动检测出图像尺寸

★ 温馨提示 ★

通常情况下，8GB显存的显卡，图像尺寸应尽量设置为512×512的分辨率，否则太小的画面无法描绘好，太大的画面则容易“爆显存”。8GB显存以上的显卡则可以适当调高分辨率。“爆显存”是指计算机的画面数据量超过了显存的容量，导致画面出现错误或者计算机的帧数骤降，甚至出现系统崩溃等情况。

图像尺寸需要和提示词生成的画面效果相匹配，比如，当设置为512×512的分辨率时，人物大概率会出现大头照。用户也可以固定一个图片尺寸值，并将另一个值调高，但固定值要尽量保持在512～768范围内。

步骤03 切换至“重绘尺寸倍数”选项卡，将“尺度”设置为1.5，表示在原图像尺寸的基础上，放大1.5倍，在下方可以看到分辨率的大小变化，如图4-18所示。

图 4-18 设置“尺度”参数

步骤04 单击“生成”按钮，即可生成相应尺寸的宽图，效果见图4-1。

第 5 章

人像摄影：生成《小清新人像》画作

Stable Diffusion这种AI创作方式打破了传统摄影技术的局限，为摄影行业带来了新的视觉体验。本章将通过一个《小清新人像》画作的案例实战，探讨如何使用Stable Diffusion进行AI摄影创作。

5.1 效果欣赏：《小清新人像》

本案例主要介绍人像摄影画作的绘制技巧，能够激发大家对Stable Diffusion与AI摄影的兴趣，鼓励更多的人尝试使用这种新技术进行摄影创作，为摄影行业注入新的活力。本案例的最终效果如图5-1所示。

图 5-1 效果展示

5.2 人像摄影画作的绘制技巧

本节主要介绍利用Stable Diffusion进行人像摄影创作的方法，同时帮助读者了解Stable Diffusion在AI摄影领域的应用和潜力。

5.2.1　输入提示词并选择合适的大模型

扫码看教学视频

下面主要通过输入提示词，然后使用一个写实类的大模型来看看提示词的生成效果，具体操作方法如下。

步骤 01 进入“文生图”页面，选择一个写实类的大模型，输入相应的提示词，控制AI绘画时的主体内容和细节元素，如图5-2所示。

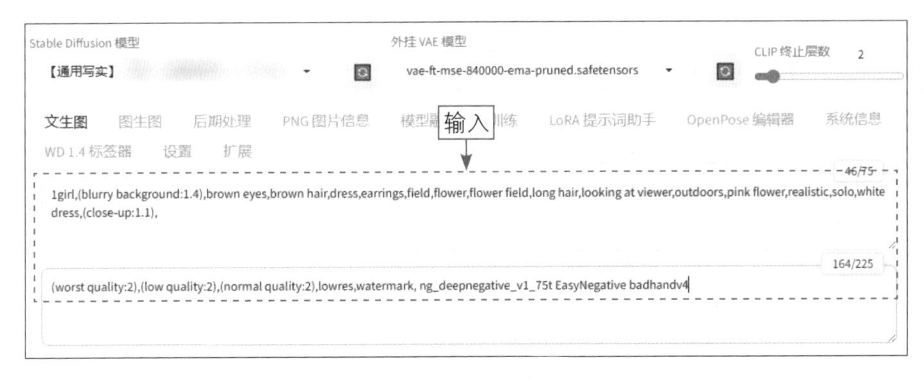

图 5-2　输入相应的提示词

步骤 02 适当设置生成参数，单击“生成”按钮，生成相应的图像，效果如图5-3所示，画面中的人物具有较强的真实感，但细节不够丰富。

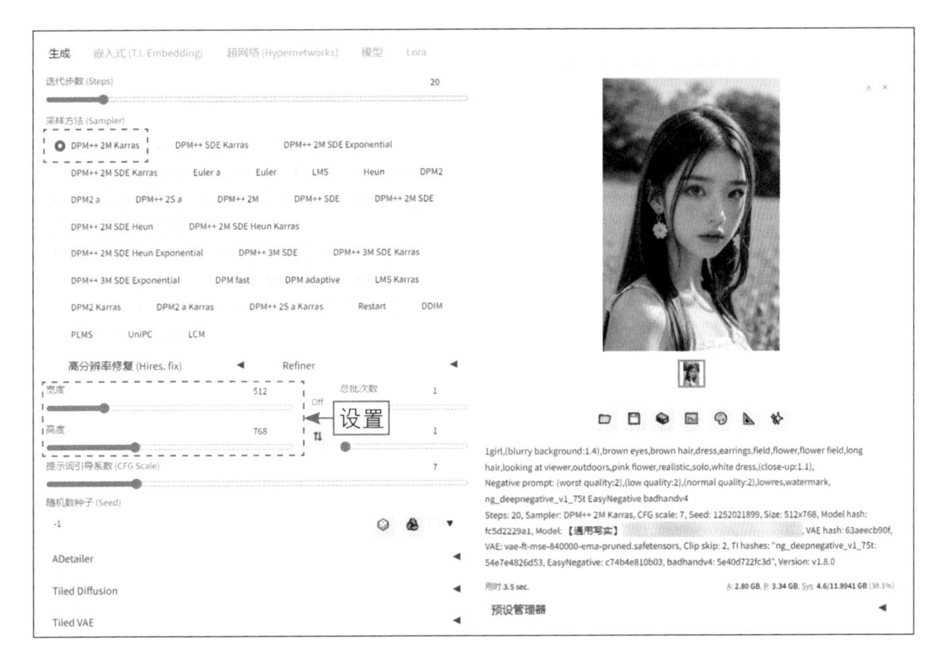

图 5-3　生成相应的图像

5.2.2　添加LoRA模型调整画面的风格

扫码看教学视频

接下来在提示词中添加一个增强花海场景风格的LoRA模型，并叠加一个改变人物发型的LoRA模型，进一步提升图像的整体美感和表现力，具体操作方法如下。

步骤 01 切换至Lora选项卡，选择相应的LoRA模型，如图5-4所示，该LoRA模型能够显著提升图像中花海场景的视觉效果。

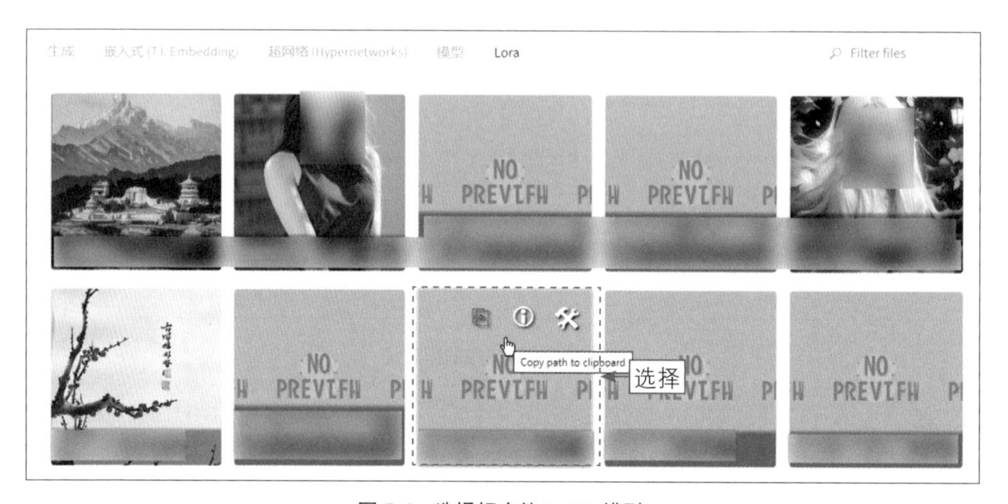

图 5-4　选择相应的 LoRA 模型

步骤 02 执行操作后，即可将该LoRA模型添加到提示词输入框中，将LoRA模型的权重值设置为0.7，引入LoRA模型所代表的特定风格或特征，同时避免过度改变图像的整体外观，如图5-5所示。

图 5-5　添加 LoRA 模型并设置其权重值

步骤 03 单击“生成”按钮，生成相应的图像，可以确保生成的图像既具有独特的花海风格，又保持了整体的和谐与真实感，效果如图5-6所示。

步骤 04 继续添加一个“发型3_v1.0”LoRA模型，将其权重值设置为0.8，再次单击“生成”按钮，生成相应的图像，对人物的发型进行精细调整，效果如图5-7所示。

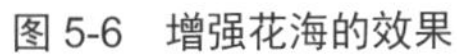

图 5-6　增强花海的效果

图 5-7　调整人物发型后的效果

5.2.3　使用OpenPose控制人物的姿势

扫码看教学视频

OpenPose主要用于控制人物的肢体动作和表情特征，它被广泛运用于人物图像的绘制。接下来使用ControlNet中的OpenPose来控制人物的姿势，具体操作方法如下。

步骤 01 展开ControlNet选项区，上传一张原图，分别选中“启用”复选框、“完美像素模式”复选框、“允许预览”复选框，自动匹配合适的预处理器分辨率，并预览预处理结果，如图5-8所示。

图 5-8　分别选中相应的复选框

步骤02 在ControlNet选项区下方，选中“OpenPose（姿态）”单选按钮，并分别选择openpose_hand（OpenPose姿态及手部）预处理器和相应的模型，如图5-9所示，该模型可以通过识别姿态实现对人物动作的精准控制。

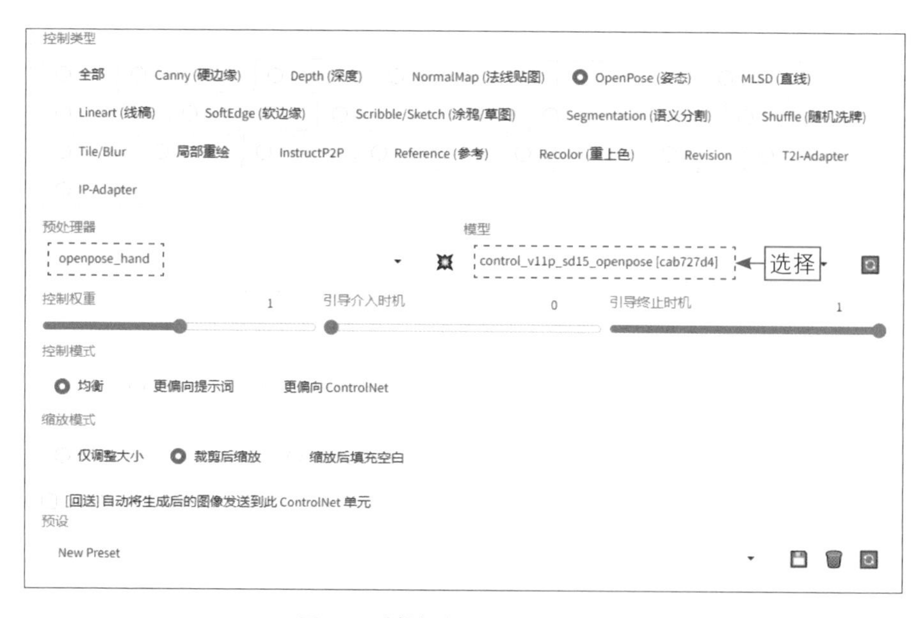

图 5-9　选择相应的预处理器和模型

步骤03 单击Run preprocessor按钮 ，即可检测人物的姿态和手部动作，并生成相应的骨骼姿势图，如图5-10所示。

图 5-10　生成相应的骨骼姿势图

★ 温馨提示 ★

当用户使用LoRA模型生成人像照片时，如果进一步使用ControlNet来控制表情，可能会导致生成出来的图像与LoRA模型所画的人物不太相似，这是因为ControlNet对人物五官和脸型的生成产生了影响。因此，在同时使用LoRA模型和ControlNet插件时，需要注意这种可能的存在，可以适当调整权重值来控制出图效果。

步骤 04 单击“生成”按钮，生成相应的图像，可以看到画面中的人物姿势与原图基本一致，原图与效果图对比如图5-11所示。

图 5-11　原图与效果图对比

5.2.4 批量生成同一人物的不同表情

扫码看教学视频

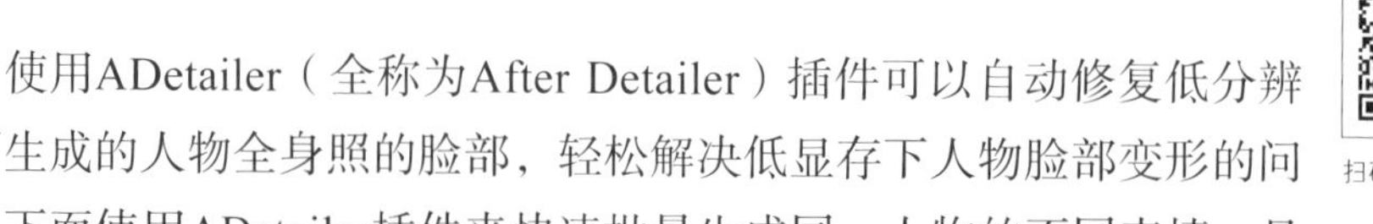

使用ADetailer（全称为After Detailer）插件可以自动修复低分辨率下生成的人物全身照的脸部，轻松解决低显存下人物脸部变形的问题。下面使用ADetailer插件来快速批量生成同一人物的不同表情，具体操作方法如下。

步骤 01 在ControlNet选项区中，取消选中“启用”复选框，停用ControlNet插件，如图5-12所示。

图 5-12 取消选中“启用”复选框

步骤 02 单击“生成”按钮，生成相应的图像，效果如图5-13所示。

步骤 03 复制该图片的Seed（也称为种子、随机种子或随机数种子）值，将其填入“随机数种子”文本框，固定种子值，可以让模型内部的随机数生成器产生相同的随机数序列，进而产生相同的图像输出，如图5-14所示。

★ 温馨提示 ★

ADetailer插件除了能显著改善人物脸部，还能对人物的手部和全身进行优化。在“After Detailer模型”下拉列表框中，不同模型的适用对象如下。

- face_yolov8n.pt模型适用于2D/真实人脸。
- face_yolov8s.pt模型适用于2D/真实人脸。
- hand_yolov8n.pt模型适用于2D/真实人手。
- person_yolov8n-seg.pt模型适用于2D/真实人物全身。
- person_yolov8s-seg.pt模型适用于2D/真实人物全身。
- mediapipe_face_full模型适用于真实人脸。
- mediapipe_face_short模型适用于真实人脸。

· mediapipe_face_mesh模型适用于真实人脸。

图 5-13　生成相应的图像

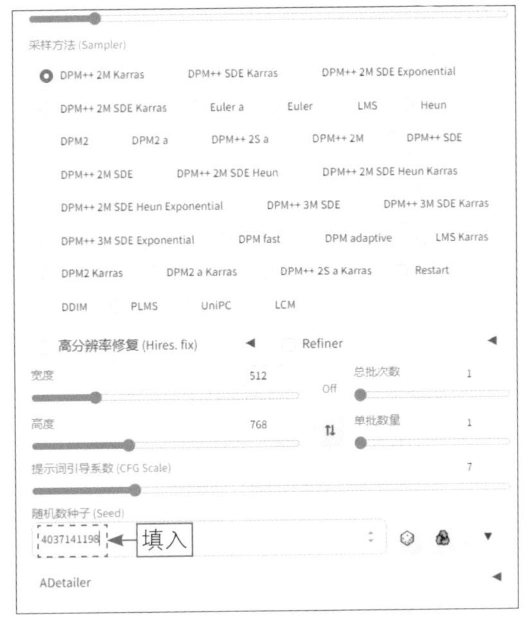

图 5-14　固定种子值

步骤 04 展开ADetailer选项区，选中“启用After Detailer”复选框，在“After Detailer模型”下拉列表框中选择mediapipe_face_full模型，该模型适用于写实人像的面部修复，并在下方的文本框内输入相应的表情提示词，如smile（微笑），如图5-15所示。

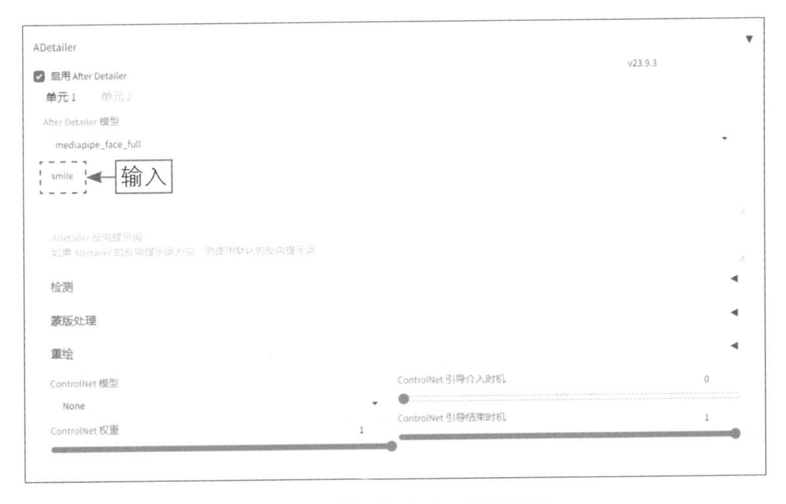

图 5-15　输入相应的表情提示词

★ 温馨提示 ★

ADetailer插件主要用于解决在生成全身图像时可能出现的脸部崩坏问题，尤其是在角色在画面中占据的面积很小，导致脸部细节丢失或损坏的情况下，这个插件的修复效果尤为出色。

步骤 05 单击“生成”按钮，生成微笑的人物表情。更换表情提示词，还可以生成人物的其他表情，效果如图5-16所示。

图 5-16 生成同一人物的不同表情

5.2.5　修复人物脸部并放大图像

在生成人物照片时，建议大家使用ADetailer插件修复人物脸部，同时还可以使用“高分辨率修复”（Hires.fix）功能放大图像，具体操作方法如下。

步骤01 在ADetailer选项区中，选中“启用After Detailer”复选框，启用该插件，并且不需要输入提示词，如图5-17所示。

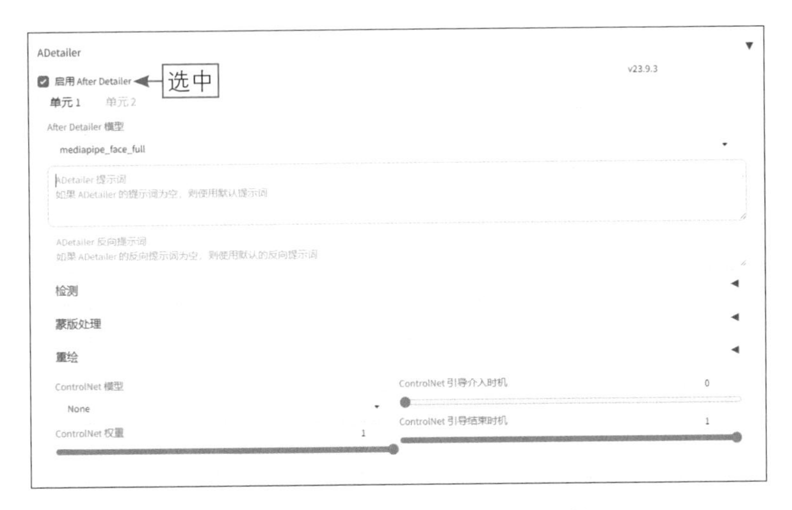

图 5-17　选中“启用 After Detailer”复选框

步骤02 清除随机数种子值，并展开“高分辨率修复（Hires.fix）”选项区，设置“放大算法”为R-ESRGAN 4x+、“放大倍数”为2，如图5-18所示。R-ESRGAN 4x+是一种非常优秀的图像放大算法，可以为用户提供高质量、清晰的图像放大效果。

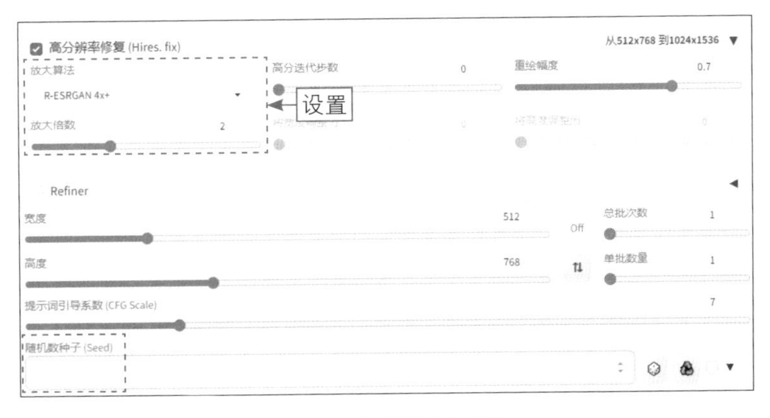

图 5-18　设置相应的参数

步骤 03 保持其他生成参数不变，单击“生成”按钮，即可生成相应的图像，同时将尺寸放大两倍，效果如图5-19所示。

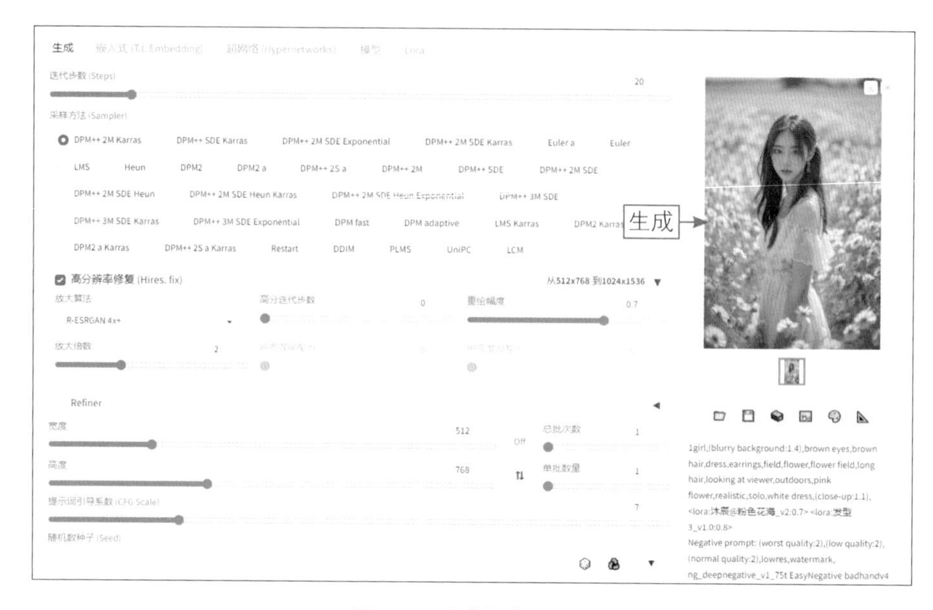

图 5-19　生成相应的图像

第 6 章
视觉设计：生成《商业海报》画作

商业海报作为广告宣传的重要载体，一直以来都承载着传递信息、吸引眼球的使命。AI技术的引入，为商业海报的创作带来了前所未有的可能，AI能够分析并理解商业海报的设计规律与要素，自动生成具有吸引力和创意的作品。本章将介绍使用AI自动生成《商业海报》画作的技巧，以满足不同的商业宣传需求。

6.1 效果欣赏：《商业海报》

商业海报是一种广告性的海报，主要用于宣传商品或服务，通过创意设计和视觉呈现，达到产品推广和吸引消费者的目的。传统的商业海报设计通常需要设计师投入大量的时间和精力，从构思、绘图到修改，过程烦琐且耗时。而AI能够大幅提高视觉设计的效率，为商业海报设计带来全新的创意和视角。本案例的最终效果如图6-1所示。

图 6-1　效果展示

6.2 视觉设计作品的绘制技巧

用AI进行商业海报的视觉设计，不仅可以提高设计效率，而且对提升品牌形象、吸引消费者、推动商业发展具有重要意义。本节将以运动鞋海报为例，介绍Stable Diffusion在商业视觉设计领域的应用技巧。

6.2.1　设置迭代步数提升画面精细度

扫码看教学视频

在利用Stable Diffusion等AI图像生成工具进行艺术创作时，迭代步数的设置对提升画面精细度起着至关重要的作用。简言之，迭代步数是指AI模型在处理图像数据时重复进行的计算次数。通过增加迭代步数，可以让模型有更多的机会去优化和细化生成的图像，从而得到更加精致、细腻的视觉效果。

下面介绍设置迭代步数提升画面精细度的操作方法。

步骤 01 进入“文生图”页面，选择一个写实类的大模型，输入相应的提示词，指定生成图像的画面内容和风格，如图6-2所示。

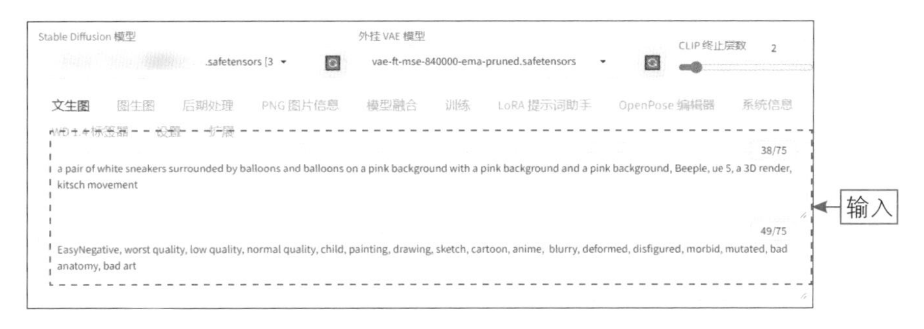

图 6-2　输入相应的提示词

步骤 02 在页面下方设置“采样方法（Sampler）”为DPM++ SDE Karras、“迭代步数（Steps）”为5，如图6-3所示。较低的迭代步数值可能会导致生成的图像在细节表现上相对较弱，精细度不高。

图 6-3　设置相应的参数

步骤03 单击“生成”按钮，可以看到生成的图像效果非常模糊，且存在一些微小的瑕疵或不平滑的边缘，如图6-4所示。

步骤04 将“迭代步数（Steps）”设置为50，其他生成参数保持不变，单击“生成”按钮，可以看到生成的图像能够展现出更高的清晰度和更丰富的细节，效果如图6-5所示。

图 6-4 “迭代步数（Steps）”为 5 生成的图像效果

图 6-5 “迭代步数（Steps）”为 50 生成的图像效果

6.2.2 使用*X/Y/Z*图表对比出图效果

扫码看教学视频

Stable Diffusion中的*X/Y/Z*图表是一种用于可视化三维数据的图表，它由3个坐标轴组成，分别代表3个变量，使用这个工具可以同时查看至多3个变量对出图结果的影响。具体而言，*X*、*Y*和*Z*这3个坐标轴分别代表图像的不同生成参数。

通过在*X*、*Y*和*Z*这3个坐标轴上设定不同的生成参数，可以将不同的生成参数组合起来生成多个图像网格。例如，利用Stable Diffusion的*X/Y/Z*图表工具，可以非常方便地对比不同迭代步数值的出图效果，具体操作方法如下。

步骤01 复制图6-5的Seed值，将其填入“随机数种子（Seed）”文本框，锁定图片的种子值，如图6-6所示。

步骤02 在“文生图”页面下方的“脚本”列表框中，选择“*X/Y/Z*图表”选项，如图6-7所示。

步骤03 执行操作后，即可展开*X/Y/Z* plot（图表）选项区，单击“*X*轴类型”下方下拉列表框右侧的下拉按钮▾，如图6-8所示。

图 6-6　将 Seed 值填入“随机数种子（Seed）”文本框

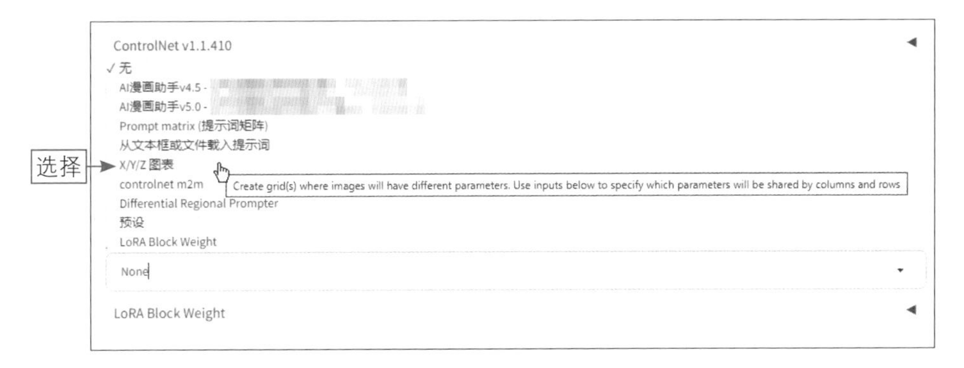

图 6-7　选择“*X/Y/Z* 图表”选项

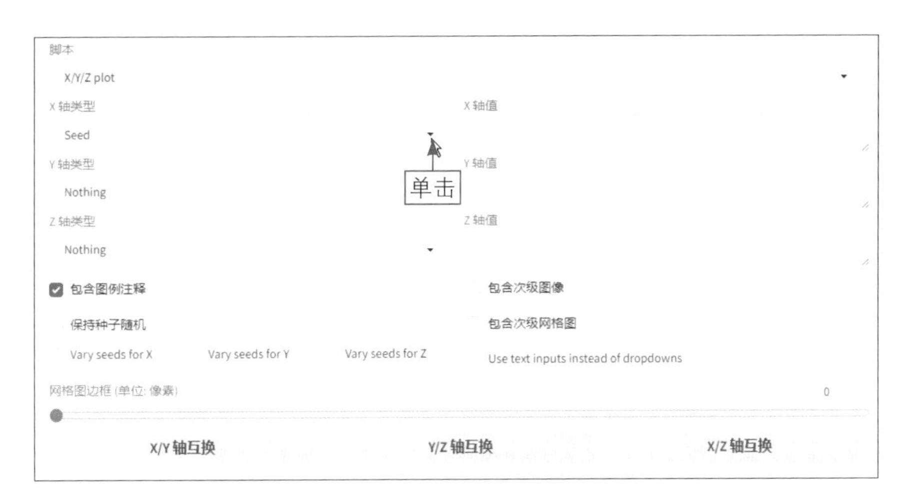

图 6-8　单击“*X* 轴类型”下方下拉列表框右侧的下拉按钮

步骤 04 执行操作后，在弹出的下拉列表框中选择“Steps”选项，即可将“*X*轴类型”设置为Steps，在右侧的“*X*轴值”文本框中输入多个迭代步数值（用英文格式的逗号隔开），如图6-9所示。

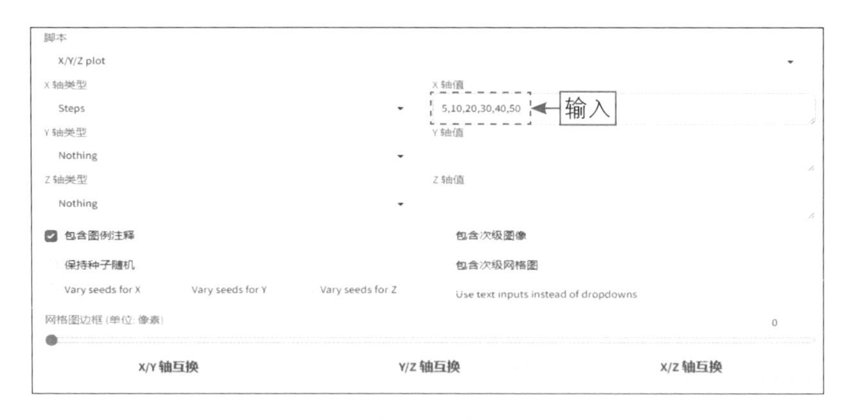

图 6-9　输入多个迭代步数值

★ 温馨提示 ★

在*X/Y/Z* plot选项区中，通过互换不同的轴，可以更加灵活地呈现数据，帮助用户更好地理解不同变量之间的关系。

例如，单击“*X/Y*轴互换”按钮，会将*X*轴和*Y*轴互换，即原来在*X*轴上的变量会移动到*Y*轴上，原来在*Y*轴上的变量会移动到*X*轴上，这样可以将两个变量的关系以相反的方向呈现在图表上，方便进行对比和分析。

步骤 05 单击“生成”按钮，即可非常清晰地对比相同的模型和提示词，不同的Steps值分别生成的图像效果，如图6-10所示。

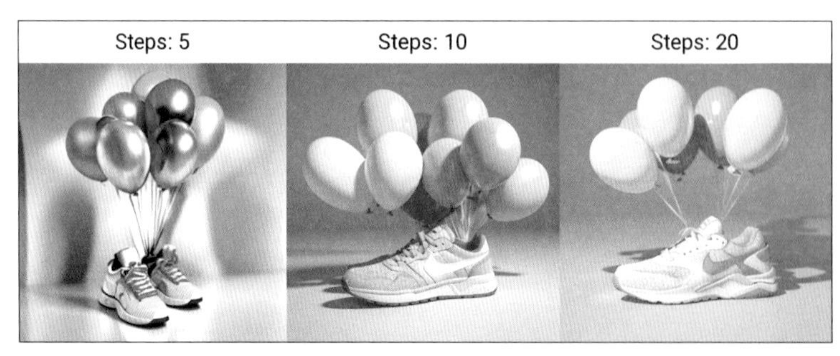

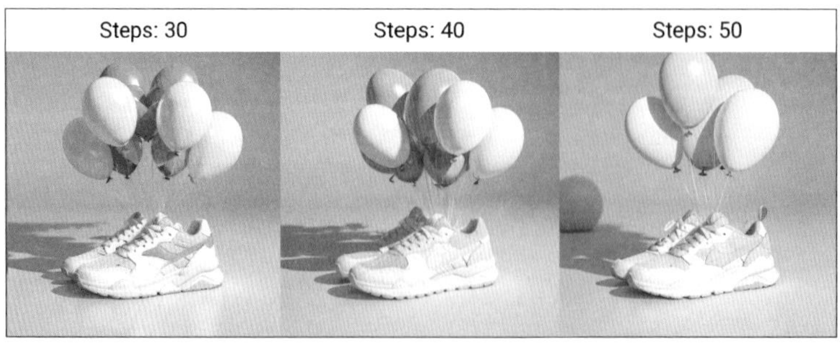

图 6-10　对比不同的 Steps 值分别生成的图像效果

★ 温馨提示 ★

通过*X/Y/Z*图表的对比，可以快速生成一张图片并观察不同生成参数组合下的效果，避免了频繁生成图像去对比的麻烦。同时，所有生成的图像都将在同一界面上展示，以便用户更方便地比较和分析AI出图效果，从而找出效果最好的生成参数。

6.2.3　使用SoftEdge识别图像边缘信息

扫码看教学视频

ControlNet中的SoftEdge（软边缘）常用于图像处理，可以在图像的边缘产生更自然、平滑、柔和的过渡效果，而不是硬性的、锐利的边缘，对于创造更逼真、细腻的图像效果非常有用。下面介绍使用SoftEdge识别图像边缘信息的操作方法。

步骤 01 在“文生图”页面下方的“脚本”下拉列表框中，选择“无”选项，如图6-11所示，即可关闭*X/Y/Z*图表功能。

图6-11　选择“无”选项

步骤 02 在“随机数种子（Seed）”文本框右侧单击 按钮，将Seed值设置为-1，表示每次都会使用一个新的随机数作为种子值，如图6-12所示。

图6-12　单击相应的按钮

步骤 03 展开ControlNet选项区，上传一张原图，分别选中“启用”复选框、“完美像素模式”复选框、“允许预览”复选框，自动匹配合适的预处理器分辨率并预览预处理结果，如图6-13所示。

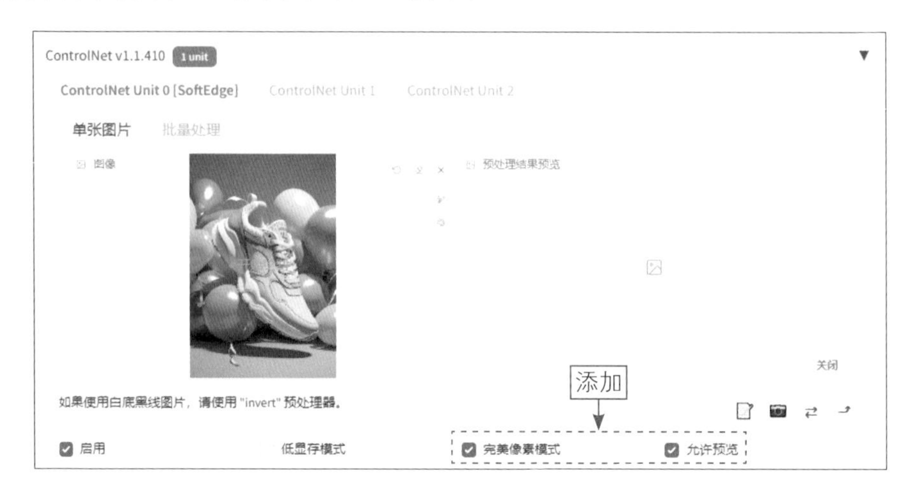

图 6-13　分别选中相应的复选框

步骤 04 在ControlNet选项区下方，选中“SoftEdge（软边缘）”单选按钮，系统会自动选择相应的预处理器和模型，该模型可以识别并提取图像中的边缘特征并输送到新的图像中，单击Run preprocessor按钮 ，如图6-14所示。

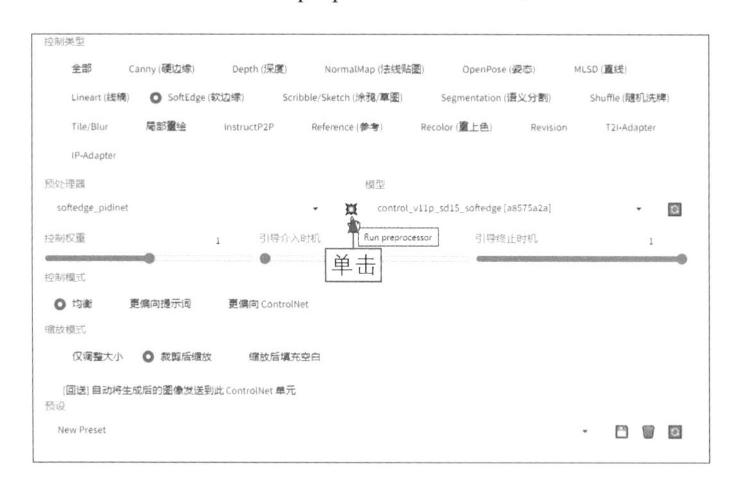

图 6-14　单击 Run preprocessor 按钮

步骤 05 执行操作后，即可根据原图的边缘特征生成线稿图，帮助消除图像中可能存在的生硬边缘，使得不同颜色或纹理之间的过渡更加自然，如图6-15所示。

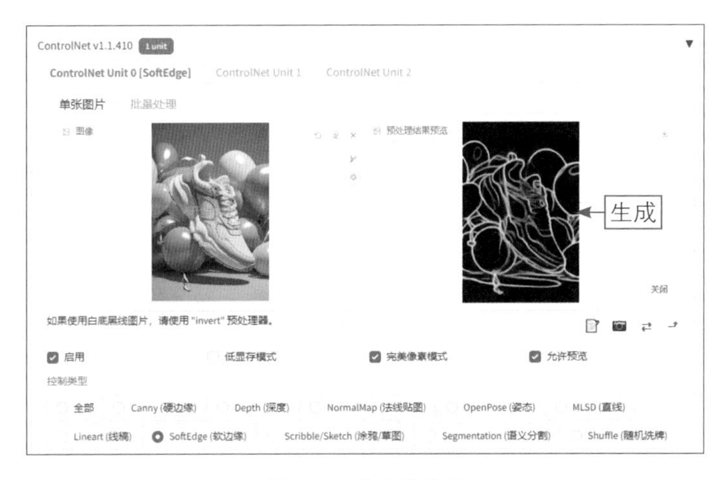

图 6-15　生成线稿图

步骤 06 设置“宽度”为640、“高度”为960，将图像调整为竖图，如图6-16所示。单击“生成”按钮，即可生成相应的新图，画面的元素和构图基本与原图一致（效果见图6-1）。

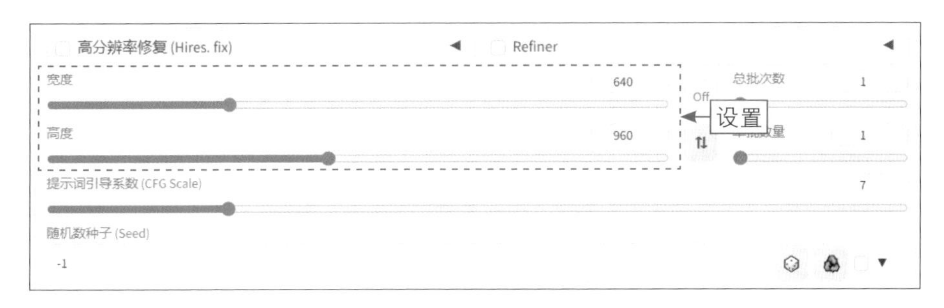

图 6-16　设置图像尺寸

第 7 章

电商产品：生成《化妆品包装》画作

在当今竞争激烈的电商市场环境中，独特而引人注目的产品包装设计，对提高产品的吸引力和竞争力至关重要。Stable Diffusion作为一种先进的AI绘画技术，为产品包装设计提供了无限的可能，可以帮助设计师在短时间内创作出独具特色的电商产品效果图。

7.1　效果欣赏：《化妆品包装》

通过 Stable Diffusion 神奇的 AI 绘画技术，化妆品包装设计不再局限于传统的设计方式，而是可以突破传统的界限，勇敢尝试全新的设计元素，令人仿佛能够触摸到其中的质感和颜色。本案例的最终效果如图 7-1 所示。

图 7-1　效果展示

★ 温馨提示 ★

注意，在本书的所有效果图中，所呈现的文字都是由AI生成的乱码。首先，这些乱码或文字以特殊的方式融入画面，不仅不会干扰到整体的构图和布局，反而能够更好地凸显出画面的设计感与层次感；其次，这些乱码本身并不承载任何实际意义，它们的存在更多的是作为一种视觉元素，让效果显得更加真实、自然。因此，书中保留了这些AI生成的乱码，让它们在效果图中自然呈现，为读者带来一种全新的视觉体验。

7.2 电商产品画作的绘制技巧

本节将深入探讨如何运用Stable Diffusion来制作令人印象深刻的化妆品包装效果，以实现更具吸引力的品牌宣传效果，同时为电商产品注入更多的生命力。

7.2.1 设置提示词引导系数让AI更听话

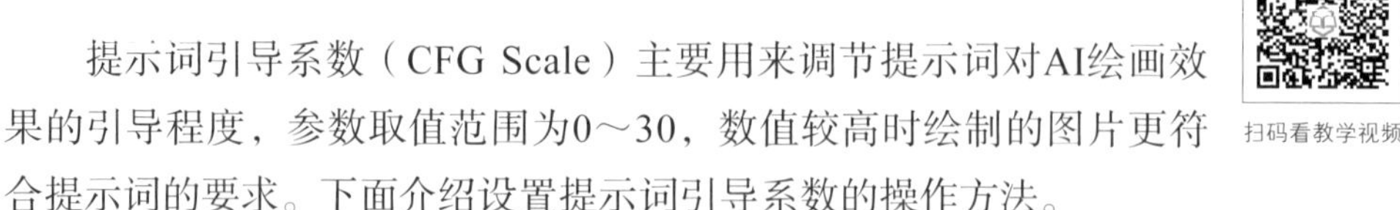

扫码看教学视频

提示词引导系数（CFG Scale）主要用来调节提示词对AI绘画效果的引导程度，参数取值范围为0～30，数值较高时绘制的图片更符合提示词的要求。下面介绍设置提示词引导系数的操作方法。

步骤 01 进入“文生图”页面，选择一个写实类的大模型，输入相应的提示词，指定生成图像的画面内容，如图7-2所示。

图 7-2 输入相应的提示词

步骤 02 在页面下方设置“采样方法（Sampler）”为DPM++ 2M Karras、“提示词引导系数（CFG Scale）”为2，表示提示词与绘画效果的关联性较低，如图7-3所示。

★ 温馨提示 ★

提示词引导系数建议设置在7～12范围内，过低的参数值会导致图像的色彩饱和度降低；而过高的参数值则会产生粗糙的线条或过度锐化的图像细节，甚至可能导致图像严重失真。

步骤 03 单击“生成”按钮，即可生成相应的图像，且图像内容不太符合提示词的描述，效果如图7-4所示。

步骤 04 保持提示词和其他参数设置不变，设置“提示词引导系数（CFG Scale）”为10，单击“生成”按钮，即可生成相应的图像，且图像内容与提示词的关联性较大，画面的光影效果更突出、质量更高，效果如图7-5所示。

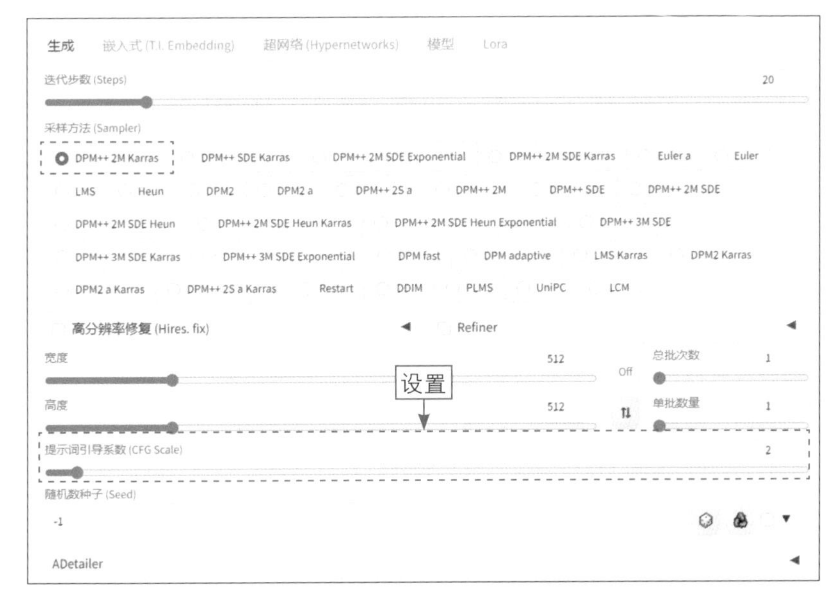

图 7-3　设置相应的参数

图 7-4　较低的 CFG Scale 值生成的图像效果

图 7-5　较高的 CFG Scale 值生成的图像效果

7.2.2　添加化妆品包装的LoRA模型

扫码看教学视频

接下来在提示词中添加一个专用的LoRA模型，主要用于增强化妆品的包装效果，具体操作方法如下。

步骤 01 切换至Lora选项卡，选择相应的LoRA模型，如图7-6所示，该LoRA模型专用于化妆品的场景图设计。

图 7-6　选择相应的 LoRA 模型

步骤 02 执行操作后，将LoRA模型添加到提示词输入框中，设置其权重值为0.8，适当降低LoRA模型对AI的影响，如图7-7所示。

图 7-7　添加 LoRA 模型并设置权重值

步骤 03 展开"高分辨率修复（Hires.fix）"选项区，保持默认设置即可，用于放大AI生成的图像，并将"总批次数"设置为2，如图7-8所示，让AI同时生成两张图片。

图 7-8　设置"总批次数"参数

步骤 04 单击"生成"按钮，生成相应的图像，可以将图像放大两倍输出，同时画面中的水元素会更加突出，效果如图7-9所示。

图 7-9　生成相应的图像

7.2.3　使用Depth控制画面的光影

扫码看教学视频

最后使用ControlNet插件中的“Depth（深度）”控制类型，有效地控制画面的光影，进而提升图像的视觉效果，具体操作方法如下。

步骤 01 展开ControlNet选项区，上传一张原图，分别选中“启用”复选框、“完美像素模式”复选框、“允许预览”复选框，自动匹配合适的预处理器分辨率并预览预处理结果，如图7-10所示。

图 7-10　分别选中相应的复选框

步骤 02 在ControlNet选项区下方，选中“Depth（深度）”单选按钮，并分别选择depth_zoe（ZoE深度图估算）预处理器和相应的模型，如图7-11所示。

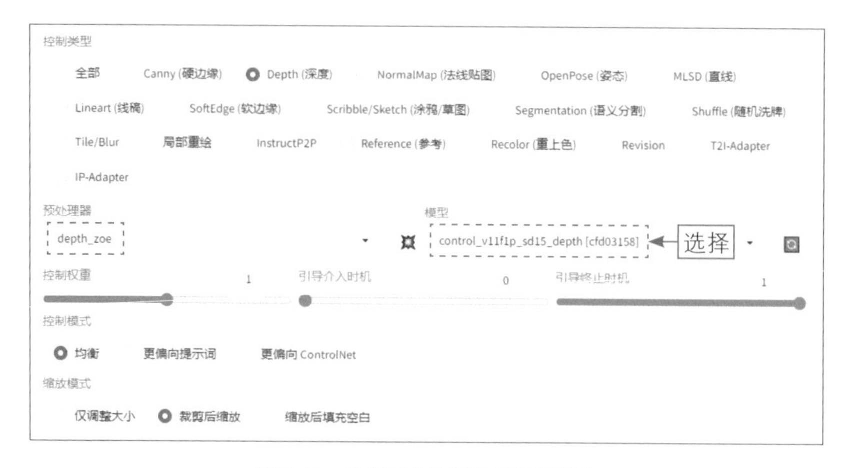

图 7-11　选择相应的预处理器和模型

★ 温馨提示 ★

ZoE是一种独特的深度信息计算方法，它通过将度量深度估算和相对深度估算相结合，以精确估算图像中每个像素的深度信息。此技术具有出色的深度信息计算能力，可以将已有的深度信息数据集有效地应用于新的目标数据集上，从而实现零样本（Zero-shot）深度估计。

步骤 03 单击Run preprocessor按钮，即可生成深度图，比较完美地还原场景中的景深关系，如图7-12所示。

图 7-12　生成深度图

步骤 04 设置“宽度”为640、“高度”为960、“总批次数”为1，将图像尺寸设置为与原图一致，如图7-13所示。

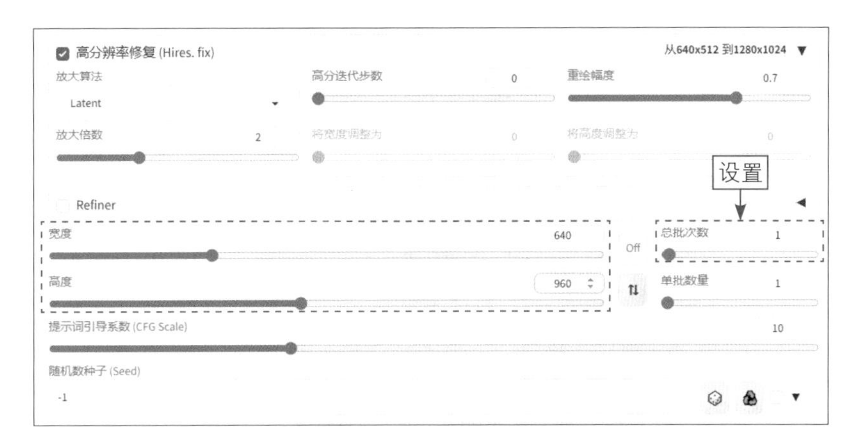

图 7-13　设置相应的参数

步骤 05 单击“生成”按钮，即可生成相应的图像，完成利用“Depth（深度）”来控制画面中物体投射阴影的方式、光的方向及景深关系，效果见图7-1。

第 8 章

电商模特：生成《流行女装》画作

Stable Diffusion作为一种极具潜力的AI绘画技术，可广泛应用于电商模特制作领域。本章将通过一个《流行女装》画作的实战案例，详细介绍如何使用Stable Diffusion来制作电商模特效果。

8.1　效果欣赏：《流行女装》

在如今的电子商务领域，精美的产品图片和模特形象往往是吸引消费者注意力的关键因素。但是，传统的模特拍摄通常需要高昂的成本和烦琐的流程，对许多中小型企业来说，这是一项巨大的负担。Stable Diffusion通过利用深度学习和图像生成技术，可以快速生成高质量的电商模特图片，大大降低了拍摄成本和时间。本案例的最终效果如图8-1所示。

图 8-1　效果展示

8.2 电商模特画作的绘制技巧

通过调整提示词和模型，Stable Diffusion可以生成不同风格、造型和环境下的电商模特图像，满足不同产品的个性化展示需求。本节主要介绍女装模特的制作流程，并展示Stable Diffusion在电商模特制作中的具体应用及其效果。

8.2.1 制作骨骼姿势图

扫码看教学视频

使用Openpose编辑器可以制作人物的骨骼姿势图，用于固定Stable Diffusion生成的人物姿势，使其能够更好地配合服装的展现需求，具体操作方法如下。

步骤 01 进入“Openpose编辑器”页面，单击“从图像中提取”按钮，如图8-2所示。

图 8-2 单击“从图像中提取”按钮

★ 温馨提示 ★

在AI绘画软件Stable Diffusion中，控制人物姿势的方法有很多种，其中最简单的方法是在提示词中加入动作提示词，例如sit（坐）、walk（走）和run（跑）等。然而，想要更精确地控制人物的姿势，就会变得比较困难，主要原因如下。

· 首先，用语言精确描述一个姿势是相当困难的。

· 其次，Stable Diffusion生成的人物姿势具有一定的随机性，就像抽“盲盒”一样。

OpenPose编辑器就能很好地解决这个问题。它不仅允许用户自定义调整人物的骨骼姿势，而且还可以通过图片识别人物姿势，从而实现精确控制人物姿势的效果。通过OpenPose编辑器，用户可以更准确地调整人物的姿势、方向、动作等，使人物形象更加生动、逼真。

步骤02 执行操作后，弹出“打开”对话框，选择相应的参考图，单击“打开”按钮，即可自动提取参考图中的人物骨骼姿势，单击“保存为PNG格式”按钮，如图8-3所示，保存制作好的骨骼姿势图。

图 8-3　单击“保存为 PNG 格式”按钮

8.2.2　选择合适的模型

扫码看教学视频

下面主要使用一个写实类的大模型，并配合生成人物专用的LoRA模型，同时添加需要生成的画面提示词，具体操作方法如下。

步骤01 进入“图生图”页面，选择一个写实类的大模型，输入相应的提示词，如图8-4所示。注意，正向提示词只需描述需要绘制的图像部分即可，无须描述服装。

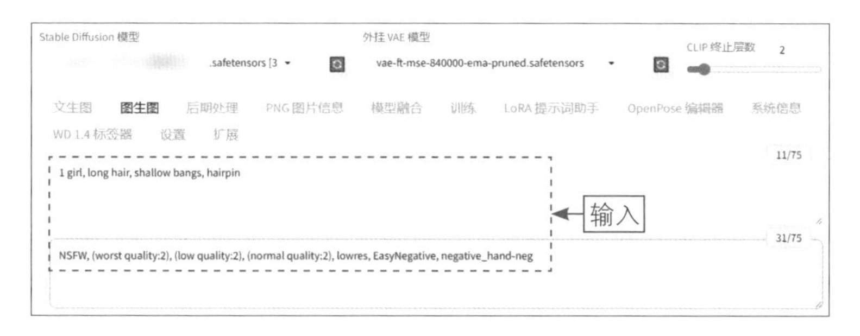

图 8-4　输入相应的提示词

步骤02 切换至Lora选项卡，选择相应的LoRA模型，可以让生成的模特与服装的气质更搭，如图8-5所示。

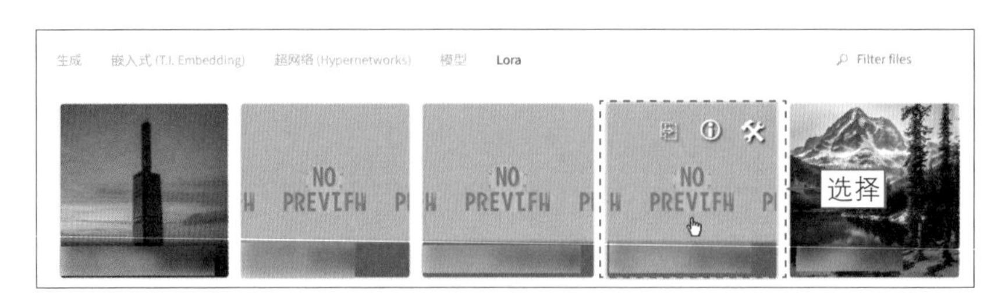

图 8-5　选择相应的 LoRA 模型

步骤03 执行操作后，即可将该LoRA模型添加到提示词输入框中，并将其权重值设置为0.6，适当降低LoRA模型对AI的影响，如图8-6所示。

图 8-6　添加并设置 LoRA 模型的权重值

8.2.3　设置图生图生成参数

扫码看教学视频

接下来通过上传重绘蒙版功能添加服装原图和蒙版，确定要重绘的蒙版内容，并设置相应的生成参数，具体操作方法如下。

步骤01 在“图生图”页面中切换至“上传重绘蒙版”选项卡，分别上传相应的服装原图和蒙版，如图8-7所示。

★ 温馨提示 ★

涂鸦、局部重绘等图生图功能都是通过手涂的方式来创建蒙版的，蒙版的精准度比较低。针对这种情况，Stable Diffusion开发了上传重绘蒙版功能，用户可以手动上传一张黑白图片当作蒙版进行重绘，这样用户就可以在Photoshop中直接用选区来绘制蒙版了。例如，使用上传重绘蒙版功能更换图中的某些元素或背景，如产品图片的背景，操作起来会比涂鸦重绘功能更加便捷。

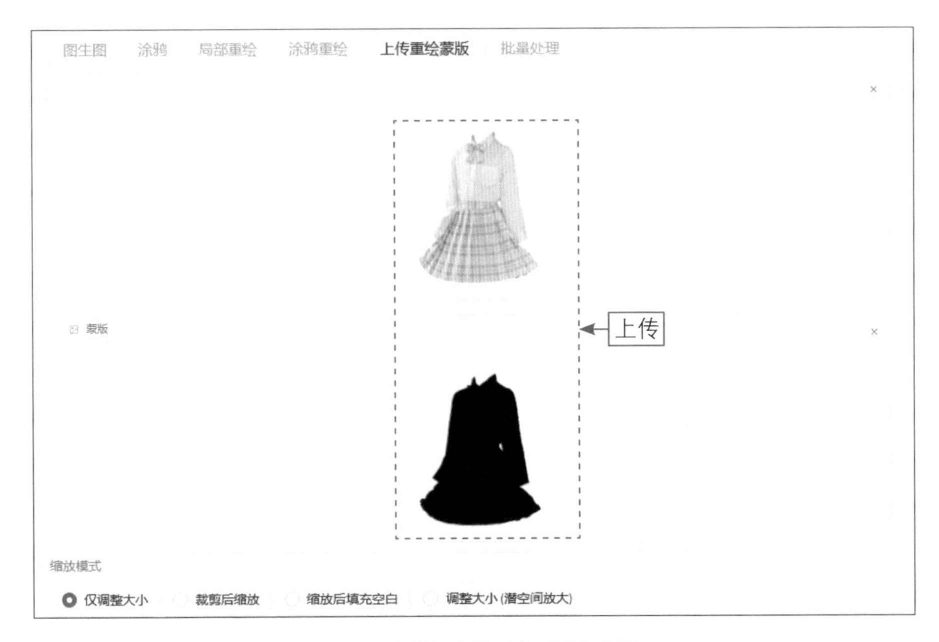

图 8-7　上传相应的服装原图和蒙版

步骤 02 在“蒙版模式”选项区中，选中“重绘蒙版内容”单选按钮，如图8-8所示，此时蒙版仅用于限制重绘的内容，只有蒙版内的区域会被重绘，而蒙版外的部分则保持不变。

图 8-8　选中“重绘蒙版内容”单选按钮

★ 温馨提示 ★

“重绘蒙版内容”通常用于对图像的特定区域进行修改或变换，通过在蒙版内绘制新的内容，可以实现局部重绘的效果；选中“重绘非蒙版内容”单选按钮，则只有蒙版外的区域会被重绘，而蒙版内的部分则保持不变。

步骤03 在页面下方设置“迭代步数（Steps）”为25、“采样方法（Sampler）”为DPM++ 2M Karras、“重绘幅度”为0.95，让图片产生更大的变化，同时将重绘尺寸设置为与原图一致，如图8-9所示。

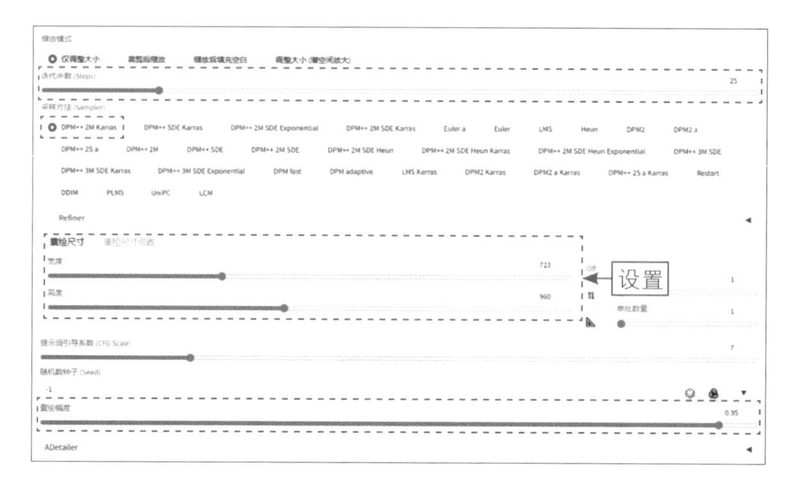

图 8-9　设置相应参数

8.2.4　使用ControlNet控图

扫码看教学视频

接下来使用ControlNet固定服装的样式并控制人物姿势，具体操作方法如下。

步骤01 展开ControlNet选项区，选中“上传独立的控制图像”复选框，上传一张服装原图，分别选中“启用”复选框、“完美像素模式”复选框、“允许预览”复选框，自动匹配合适的预处理器分辨率并预览预处理结果，如图8-10所示。

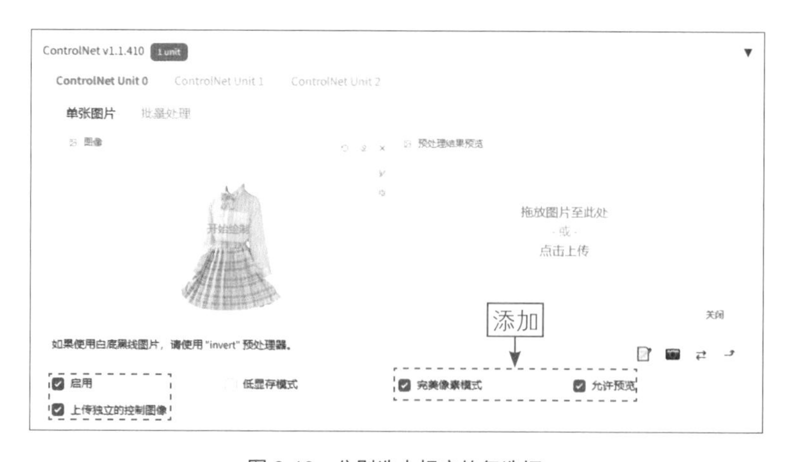

图 8-10　分别选中相应的复选框

步骤02 在ControlNet选项区下方，选中“Canny（硬边缘）”单选按钮，并分别选择Canny预处理器和相应的模型，如图8-11所示，用于检测图像中的硬边缘。

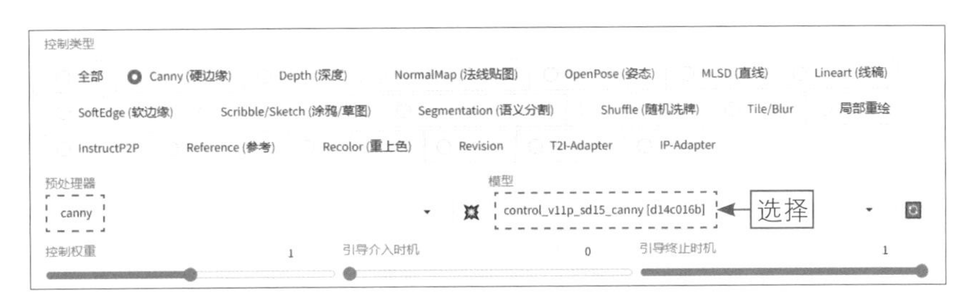

图 8-11　选择相应的预处理器和模型

步骤03 单击Run preprocessor按钮，即可提取出服装图像中的线条，生成相应的线稿图，用于固定服装的样式，如图8-12所示。

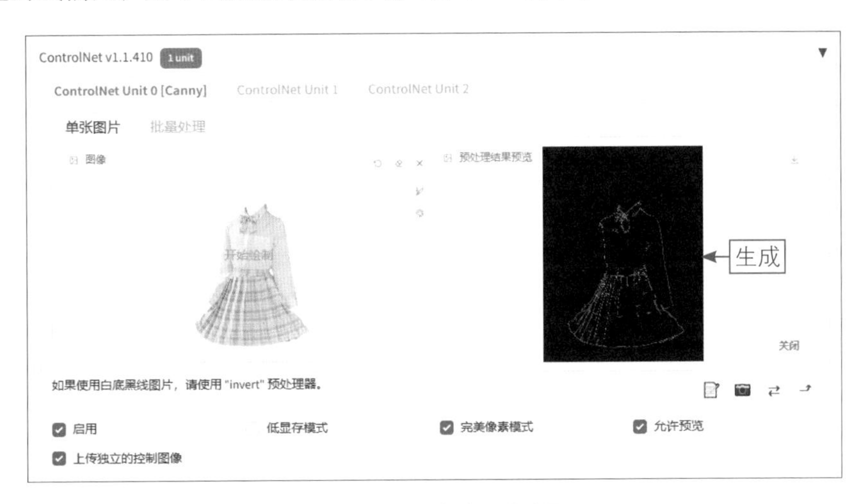

图 8-12　生成相应的线稿图

★ 温馨提示 ★

需要注意的是，在“图生图”页面中使用ControlNet时，需要先选中“上传独立的控制图像”复选框，才能上传原图，否则看不到图像的上传入口。

步骤04 切换至ControlNet Unit 1选项卡，开启另一个ControlNet单元，选中“上传独立的控制图像”复选框，上传前面做好的骨骼姿势图，选中“启用”和“完美像素模式”复选框，自动匹配合适的预处理器分辨率，如图8-13所示。

步骤05 在ControlNet Unit 1选项卡下方，设置“模型”为control_openpose-fp16 [9ca67cc5]，用于固定人物的动作姿势，如图8-14所示。

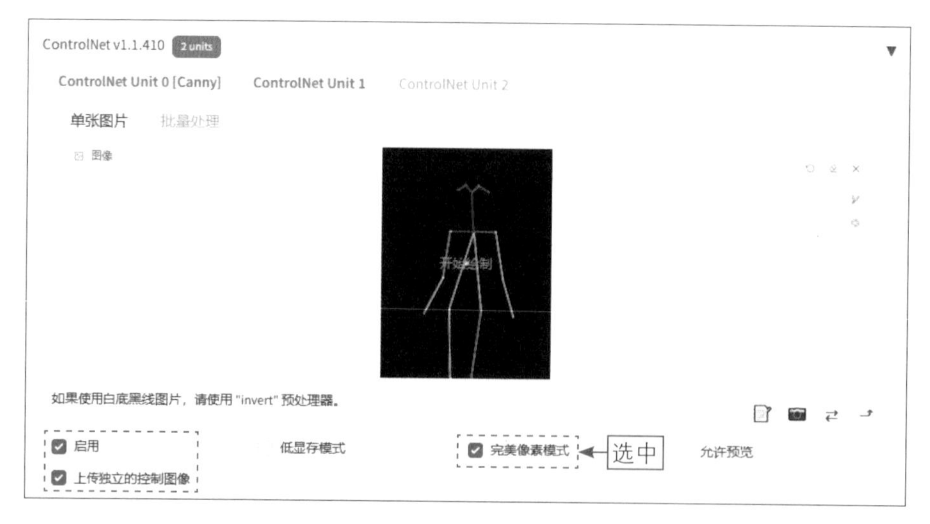

图 8-13　选中相应的复选框

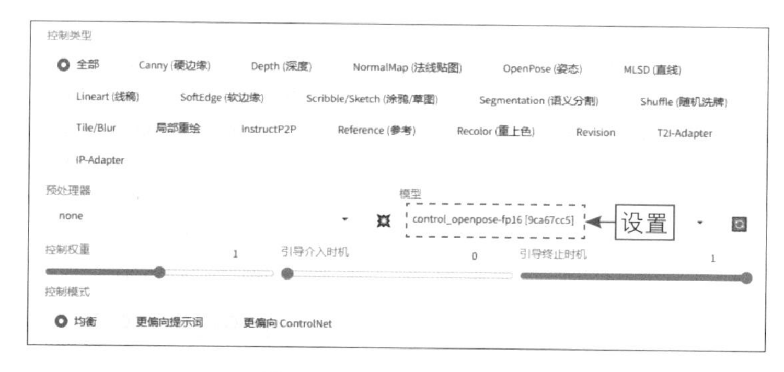

图 8-14　设置“模型”参数

★ 温馨提示 ★

ControlNet是一种基于Stable Diffusion的扩展插件，它可以提供更灵活和细致的图像控制功能。掌握ControlNet插件，能够帮助用户更好地实现图像处理的创意效果，让AI绘画作品更加生动、逼真和具有感染力。

8.2.5　修复模特的脸部

扫码看教学视频

接下来使用ADetailer对模特的脸部进行修复，避免人脸出现变形，具体操作方法如下。

步骤 01 展开ADetailer选项区，选中“启用After Detailer”复选框，启用该插件，设置“After Detailer模型”为face_yolov8n.pt，该模型可以用于修复真实人脸，如图8-15所示。

图 8-15　设置“After Detailer 模型”参数

步骤 02 设置“总批次数”为2，单击“生成”按钮，即可生成两张模特图片，效果如图8-16所示，图中的服装基本是没有被AI修改过的，最贴近产品本身，如果用户对效果比较满意，也可以直接作为产品图片来使用。

图 8-16　生成两张模特图片效果

8.2.6　融合图像效果

扫码看教学视频

如果用户对图片的光影效果不够满意，或者觉得服装和环境的融合不够完美，还可以将做好的效果图发送到“图生图”选项卡中，使用“Depth（深度）”控制类型来辅助控图，提升服装与环境的融合效果，具体操作方法如下。

步骤01 生成满意的效果图后，在图像下方单击“发送图像和生成参数到图生图选项卡”按钮，如图8-17所示。

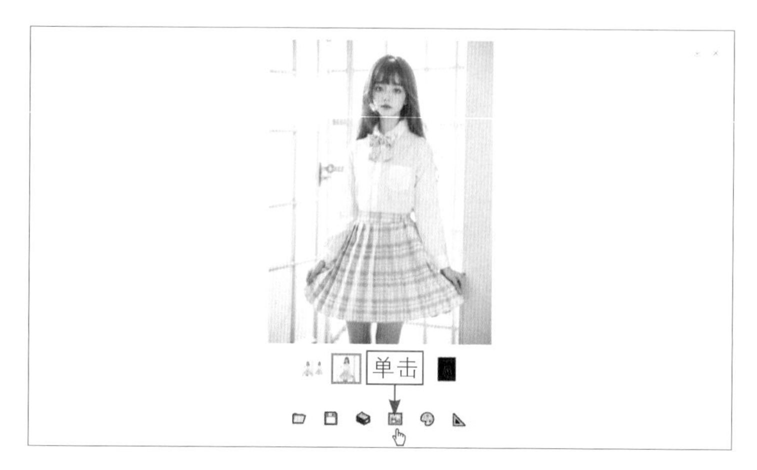

图8-17　单击“发送图像和生成参数到图生图选项卡”按钮

步骤02 执行操作后，即可将图像发送到“图生图”选项卡中，如图8-18所示。

图8-18　将图像发送到“图生图”选项卡中

★ 温馨提示 ★

注意，在将图像发送到“图生图”选项卡时，用户在“上传重绘蒙版”选项卡中所做的所有设置都会同步发送过来，其中也包括ControlNet的设置。因此，这里用户需要先关闭ControlNet插件，再重新进行设置。

步骤 03 与此同时，生成该图像的参数也会自动发送过来，设置“总批次数”为1、“重绘幅度”为0.35，让新图效果尽量与原图保持一致，其他参数保持不变，如图8-19所示。

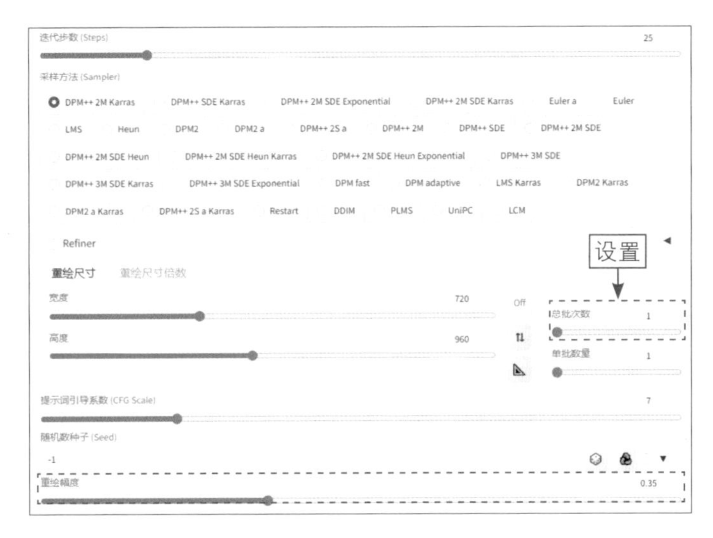

图 8-19　设置相应的参数

★ 温馨提示 ★

当重绘幅度值低于0.5的时候，新图比较接近原图；当重绘幅度值超过0.7以后，则AI的自由创作力度就会变大。因此，用户可以根据需要调整重绘幅度，以达到自己想要的特定效果。

步骤 04 展开ControlNet选项区，再次上传前面生成的效果图，分别选中“启用”复选框、“完美像素模式”复选框、“允许预览”复选框，自动匹配合适的预处理器分辨率并预览预处理结果，如图8-20所示。

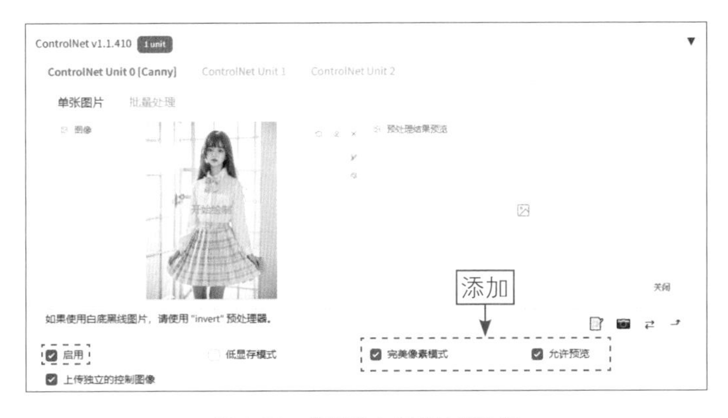

图 8-20　分别选中相应的复选框

步骤 05 在ControlNet选项区下方，选中“Depth（深度）”单选按钮，并分别选择depth_midas（MiDas深度图估算）预处理器和相应的模型，如图8-21所示，该模型能够通过控制空间距离来更好地表达较大纵深图像的景深关系，适合有大量近景内容的画面，有助于突出近景的细节。

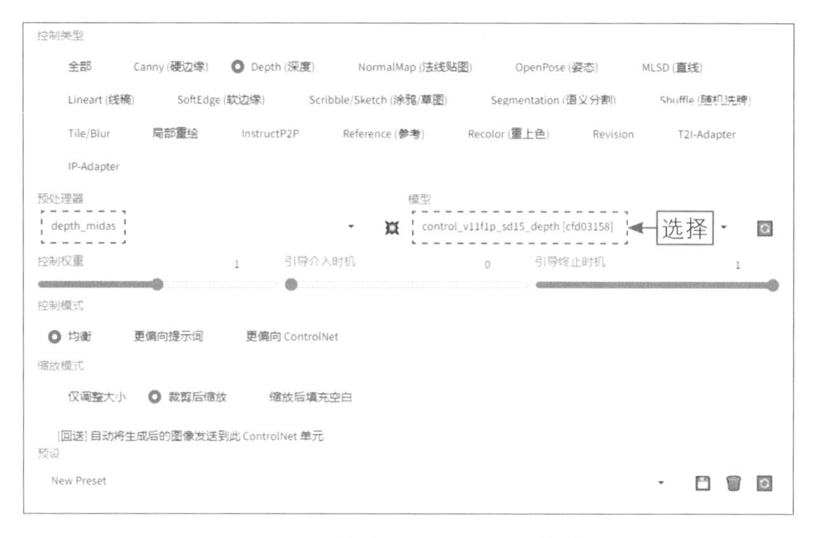

图 8-21　选择相应的预处理器和模型

步骤 06 单击Run preprocessor按钮 💥，即可生成深度图，比较完美地还原场景中的景深关系，如图8-22所示。

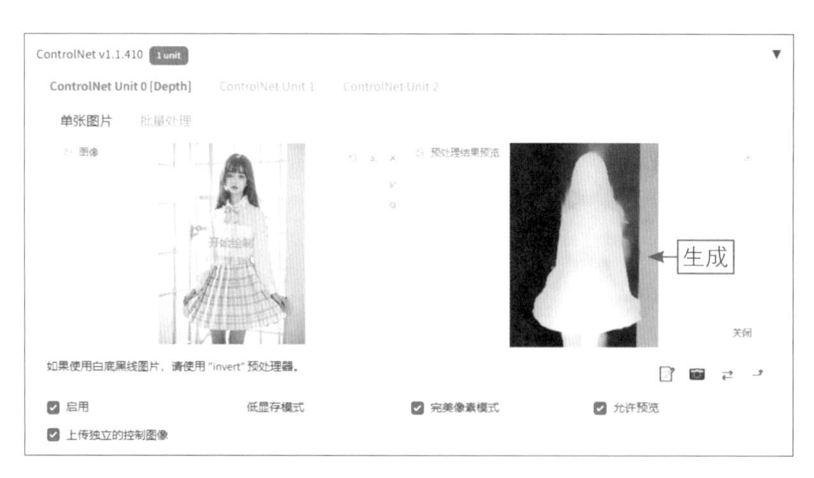

图 8-22　生成深度图

步骤 07 单击“生成”按钮，即可生成相应的图像，画面中的服装、环境和人物等元素会融合得更好，但服装样式会有轻微变化，效果见图8-1。

第 9 章

建筑设计：生成《商业综合体》画作

人工智能已逐渐渗透到各个行业领域，其中建筑设计行业亦不例外。AI技术的运用不仅改变了传统建筑设计的流程与方法，更在创意与效率上赋予了建筑设计全新的思路。本章将聚焦AI建筑设计领域，通过生成一幅名为《商业综合体》的画作，让大家感受到AI技术为建筑设计行业带来的无限可能与广阔前景。

9.1 效果欣赏：《商业综合体》

《商业综合体》画作将通过运用AI技术，融合现代建筑设计的理念与风格，展现出一个集购物、娱乐、办公等多功能于一体的综合性商业建筑。在这个过程中，AI将通过深度学习和图像生成技术，模拟并优化建筑设计的各个环节，从空间布局到立面设计，从材料选择到光影效果，均体现出AI的精准与高效。本案例最终效果如图9-1所示。

图 9-1　效果展示

9.2 建筑设计画作的绘制技巧

在使用Stable Diffusion进行建筑设计时，掌握一定的技巧不仅能提升作品的艺术性，还能更好地展现建筑设计的精髓。本节将深入探讨AI建筑设计的技巧，旨在帮助读者更好地运用AI技术，创作出既具有创意又富有表现力的建筑作品。

9.2.1 使用LoRA模型生成商业综合体

扫码看教学视频

只要是图片上的特征，LoRA模型都可以提取并训练，具体包括对画面中的元素特征进行复刻、生成某一特定风格的图像、固定动作特征等。下面介绍使用LoRA模型生成商业综合体的操作方法。

步骤 01 进入“文生图”页面，选择一个写实类的大模型，输入相应的提示词，指定生成图像的画面内容，如图9-2所示。

图 9-2 输入相应的提示词

★ 温馨提示 ★

通过不断尝试新的提示词组合，使用不同的生成参数，用户可以发现更多的可能性并探索新的创意方向。在书写提示词时，需要注意以下几点。

· 具体、清晰地描述所需的图像内容，避免使用模糊、抽象的词汇。

· 根据需要使用多个关键词组合，以覆盖更广泛的图像内容。

· 使用正向提示词时，可以添加一些修饰语或额外的信息，以增强提示词的引导效果。

· Stable Diffusion生成的图像结果可能受到多种因素的影响，包括输入的提示词、模型本身的性能和训练数据等。因此，有时候即便使用了正确的正向提示词，也可能会生成不符合预期的图像。

步骤 02 在页面下方设置“采样方法（Sampler）”为DPM++ 2M Karras、“总批次数”为2，如图9-3所示，DPM++ 2M Karras采样器可以更高效地生成图像，同时保持图像的质量。

步骤 03 单击“生成”按钮，即可生成相应的图像，如图9-4所示，这是没有使用LoRA模型的效果，画面比较一般，不太符合提示词的描述。

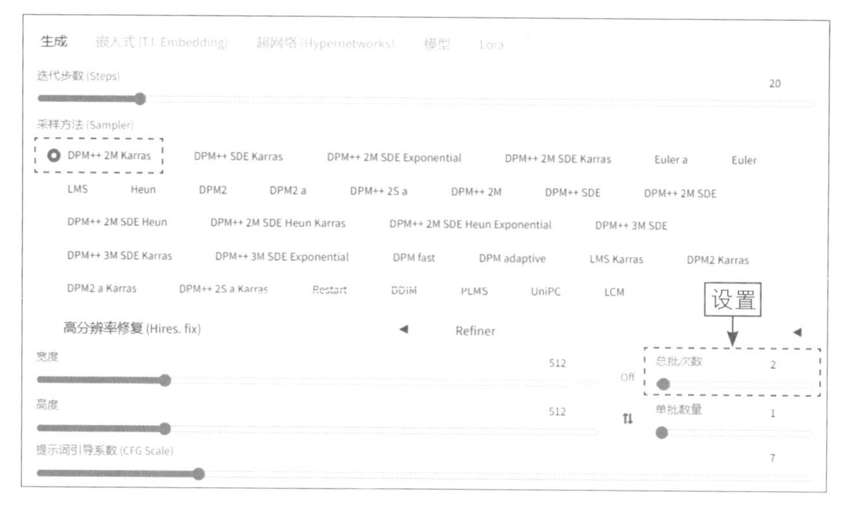

图 9-3　设置相应的参数

图 9-4　没有使用 LoRA 模型的效果

步骤 04 切换至Lora选项卡，选择相应的LoRA模型，如图9-5所示，该LoRA模型能够精准地模拟并呈现出商业综合体的独特效果。

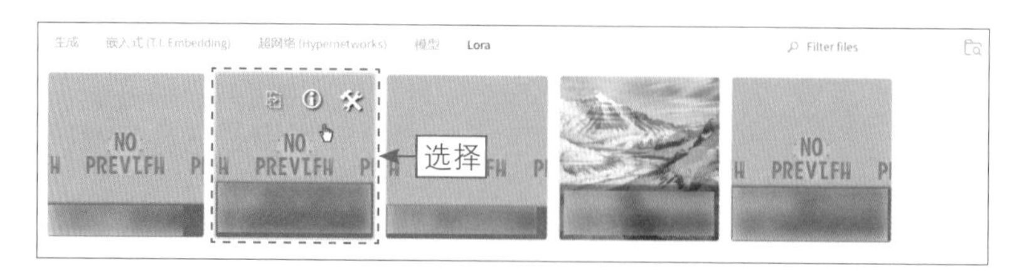

图 9-5　选择相应的 LoRA 模型

步骤05 执行操作后，即可将LoRA模型添加到正向提示词输入框中，设置其权重值为0.8，并添加相应的LoRA模型触发词，如图9-6所示。这里需要注意的是，有触发词的LoRA模型一定要使用触发词，这样才能将相应的元素触发出来。

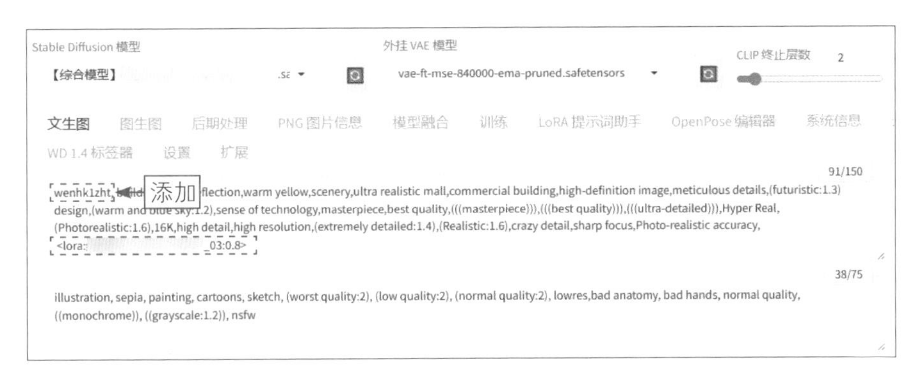

图 9-6　添加 LoRA 模型和触发词

步骤06 再次单击“生成”按钮，即可生成相应的图像，如图9-7所示，这是使用LoRA模型后的效果，更能体现商业综合体的建筑设计风格。

图 9-7　使用 LoRA 模型后的效果

9.2.2　混用不同的LoRA模型优化效果

扫码看教学视频

混用不同的LoRA模型时要注意，不同的LoRA模型对不同大模型的干扰程度都不一样，需要用户自行测试。下面介绍混用不同的LoRA模型优化出图效果的操作方法。

步骤 01 切换至LoRA选项卡，再次选择一个LoRA模型，将其添加至提示词输入框中，并适当设置其权重值，如图9-8所示，该LoRA模型可以模拟落日的画风。

图 9-8　添加 LoRA 模型并设置其权重值

步骤 02 单击“生成”按钮，即可生成相应的图像，此时的图像不仅带有商业综合体的建筑设计风格，同时还带有一点落日的氛围感，效果如图9-9所示。

图 9-9　生成相应的图像

★ 温馨提示 ★

如果用户觉得LoRA模型的缩略图太大，影响操作，可以进入“设置”页面，切换至“扩展模型”选项卡，设置相应的“扩展模型卡片宽度”“扩展模型卡片高度”“卡片文本大小”等参数，如图9-10所示，即可调整LoRA模型的缩略图大小。

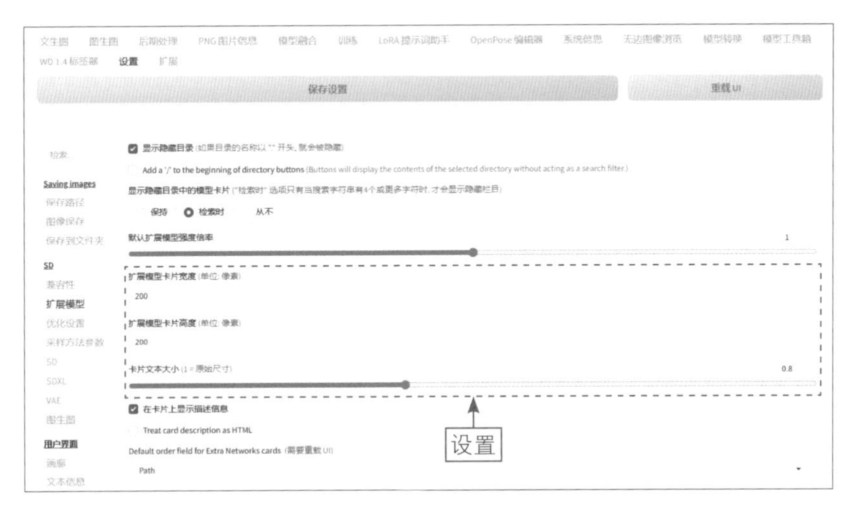

图 9-10　设置 LoRA 模型的缩略图大小

9.2.3　使用Segmentation分割图像区域

扫码看教学视频

Segmentation（Semantic Segmentation，语义分割），也可以简称为Seg。Segmentation是深度学习技术的一种应用，它能够在识别物体轮廓的同时，将图像划分成不同的部分，同时为这些部分添加语义标签，这将有助于实现更为精确的控图效果。下面介绍使用Segmentation分割图像区域的操作方法。

步骤 01 展开ControlNet选项区，上传一张原图，分别选中“启用”复选框、“完美像素模式”复选框、“允许预览”复选框，自动匹配合适的预处理器分辨率并预览预处理结果，如图9-11所示。

图 9-11　分别选中相应的复选框

步骤 02 在ControlNet的“控制类型”选项区中，选中“Segmentation（语义分割）”单选按钮，并分别选择seg_ofade20k（语义分割-OneFormer算法-ADE20k协议）预处理器和相应的模型，如图9-12所示，该模型会将一个标签（或类别）与图像联系起来，用来识别并形成不同类别的像素集合。

图 9-12　选择相应的预处理器和模型

★ 温馨提示 ★

Seg提供了3种预处理器，分别为seg_ofade20k、seg_ofcoco（语义分割-OneFormer算法-COCO协议）、seg_ufade20k（语义分割-UniFormer算法-ADE20k协议），如图9-13所示。其中，前缀OneFormer和UniFormer表示的是算法，后缀ADE20k和COCO则表示训练模型时使用的两种图片数据库。

图 9-13　Seg 提供了 3 种预处理器

步骤 03 单击Run preprocessor按钮💥，经过Seg预处理器检测后，即可生成包含不同颜色的板块图，就像现实生活中的区块地图，如图9-14所示。

步骤 04 对生成参数进行适当调整，设置“迭代步数（Steps）”为50、“宽度”为800、“高度”为600、“总批次数”为1，将图像设置横图，如图9-15所示。

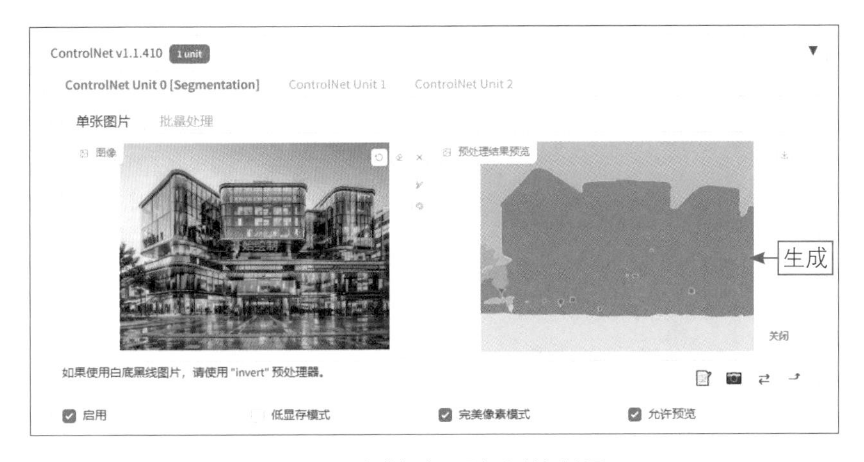

图 9-14　生成包含不同颜色的板块图

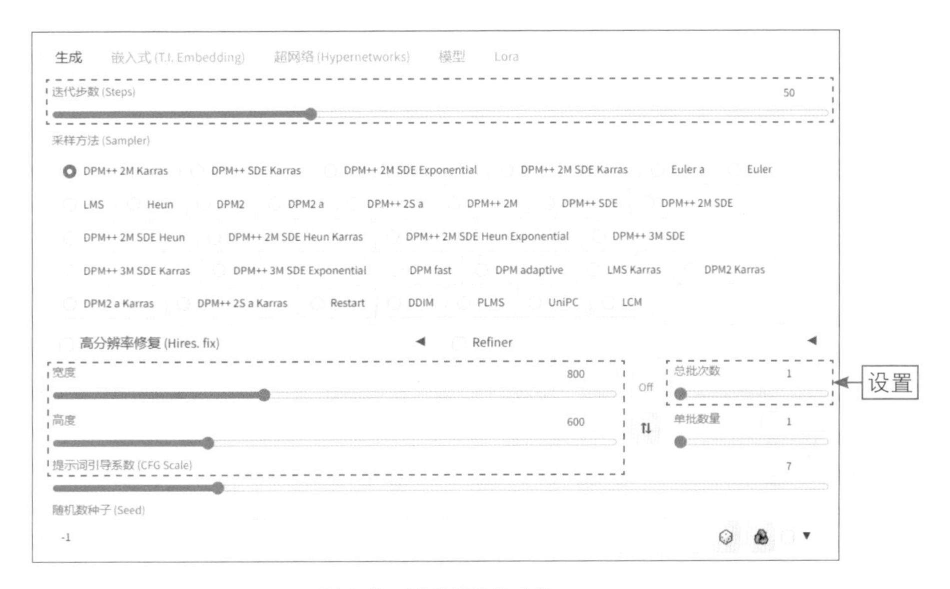

图 9-15　设置相应的参数

步骤 05 单击“生成”按钮，即可生成相应的新图，并根据不同颜色的板块图来还原画面的内容，同时根据提示词的描述改变画面风格，效果见图9-1。

第10章

室内设计：生成《现代轻奢卧室》画作

在数字化时代，AI绘画技术以其独特的创造力和高效性，正逐渐成为室内设计行业中不可或缺的一部分。AI模型通过对海量的设计元素和风格进行学习和模仿，可以生成独特且符合室内设计需求的绘画作品。AI绘画技术的引入，使得设计师能够灵活地运用色彩、线条、纹理等视觉元素，将室内设计理念更加直观地呈现出来。

10.1　效果欣赏：《现代轻奢卧室》

现代轻奢风格，以其简约而不失优雅、时尚而不失品位的特点，深受现代都市人群的喜爱。然而，如何将这种风格精准地融入室内设计，却是一个考验设计师功力和创意的难题。传统的室内设计方法往往依赖设计师的经验和审美，难以保证设计的精准性和个性化，而AI技术的引入，则为解决这一问题提供了全新的思路。

通过训练大量的室内设计图像数据，AI模型能够学习现代轻奢风格的设计特点和规律，进而生成符合该风格的设计方案。在生成《现代轻奢卧室》画作的过程中，AI模型将综合考虑卧室的空间布局、色彩搭配、材质选择等多个方面，以呈现出一种既有现代感又能彰显奢华风格的卧室氛围。本案例最终效果如图10-1所示。

图 10-1　效果展示

10.2　室内设计画作的绘制技巧

如今，人们不再需要烦琐的手绘或复杂的建模过程，而是可以借助Stable Diffusion这种AI绘画技术的力量，轻松绘制出精美的室内设计作品，本节将介绍具体的操作方法。

10.2.1 使用prompt-all-in-one翻译提示词

Stable Diffusion的提示词通常都是一大片英文，对英文水平不好的用户来说比较麻烦。其实，用户可以使用prompt-all-in-one插件来解决这个难题，它可以帮助用户自动将中文提示词翻译为英文。下面介绍使用prompt-all-in-one自动翻译提示词的操作方法。

步骤 01 进入“扩展”页面，切换至“可下载”选项卡，单击“加载扩展列表”按钮，搜索prompt-all-in-one，单击相应插件右侧的“安装”按钮，如图10-2所示。

图 10-2 单击“安装”按钮

步骤 02 插件安装完成后，切换至“已安装”选项卡，单击“应用更改并重启”按钮，如图10-3所示，重启WebUI。

图 10-3 单击“应用更改并重启”按钮

步骤 03 进入“文生图”页面，选择一个室内设计专用的大模型，同时可以看到提示词输入框的下方显示了自动翻译插件，在插件右侧的“请输入新关键词”文本框中，输入相应的中文提示词，按回车键确认即可自动翻译成英文并填入提示词输入框，如图10-4所示。

图 10-4　自动翻译中文提示词

步骤 04 使用相同的操作方法，输入并翻译相应的反向提示词（即反向词），主要是为了避免生成低画质的图像，如图10-5所示。

图 10-5　输入并翻译相应的反向提示词

步骤 05 切换至Lora选项卡，选择相应的LoRA模型，如图10-6所示，该LoRA模型主要用于生成现代轻奢风格的卧室效果图。

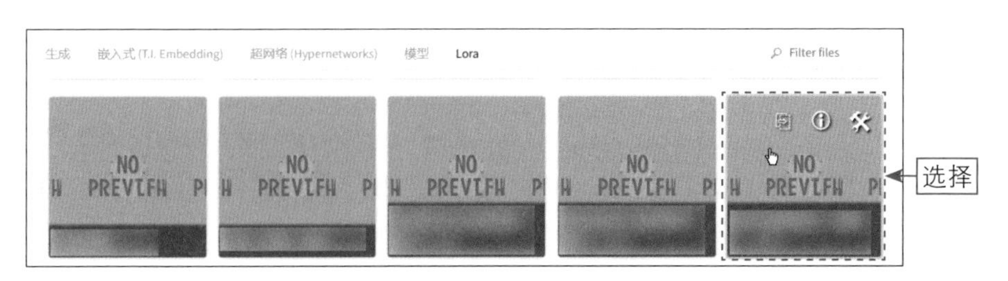

图 10-6　选择相应的 LoRA 模型

步骤06 执行操作后，即可将该LoRA模型添加到提示词输入框中，将LoRA模型的权重值设置为0.8，引入LoRA模型所代表的特定风格或特征，同时避免过度改变图像的整体外观，如图10-7所示。

图 10-7 添加 LoRA 模型并设置其权重值

步骤07 对生成参数进行适当调整，主要选择一种写实风格的采样方法，并将图像设置为横图，能够更好地展示横向场景，如图10-8所示。

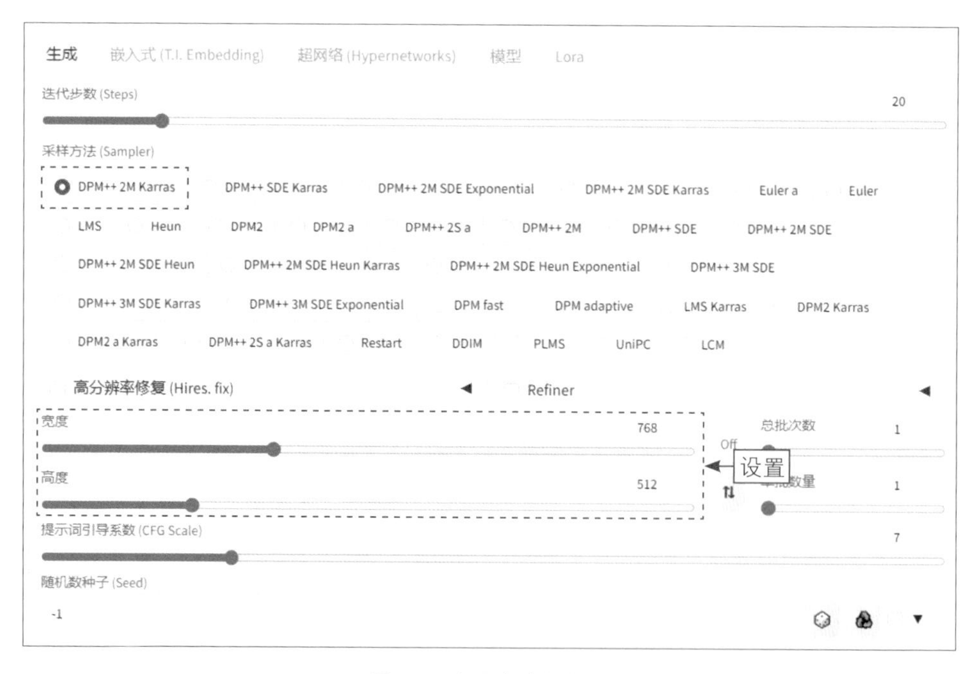

图 10-8 设置相应的参数

步骤08 单击“生成”按钮，即可生成相应的图像，该图像能够完美地还原中文提示词中描述的画面内容，效果如图10-9所示。

图 10-9　生成相应的图像

10.2.2　使用MLSD控制室内画面的构图

扫码看教学视频

MLSD可以提取图像中的直线边缘，被广泛用于需要提取物体线性几何边界领域，如建筑设计、室内设计和路桥设计等。下面介绍使用MLSD控制画面构图的操作方法。

步骤 01 展开ControlNet选项区，上传一张原图，分别选中“启用”复选框、“完美像素模式”复选框、“允许预览”复选框，自动匹配合适的预处理器分辨率并预览预处理结果，如图10-10所示。

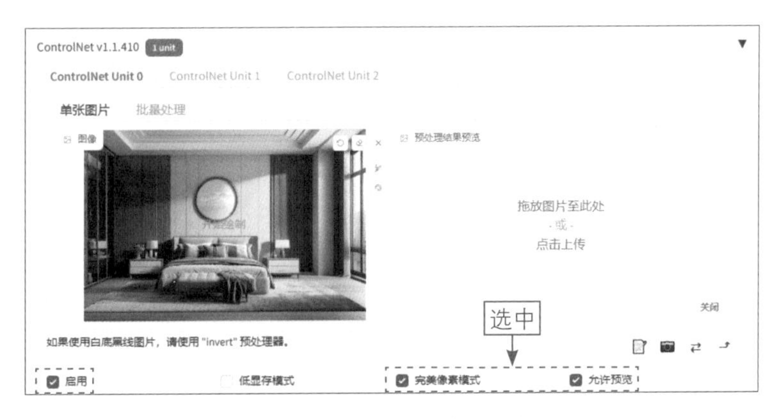

图 10-10　分别选中相应的复选框

步骤 02 在ControlNet选项区下方，选中“MLSD（直线）”单选按钮，系统会自动选择“mlsd（M-LSD直线线条检测）”预处理器，在“模型”下拉列表框中选择配套的control_mlsd-fp16 [e3705cfa]模型，如图10-11所示，该模型只会保留画面中的直线特征，而忽略曲线特征。

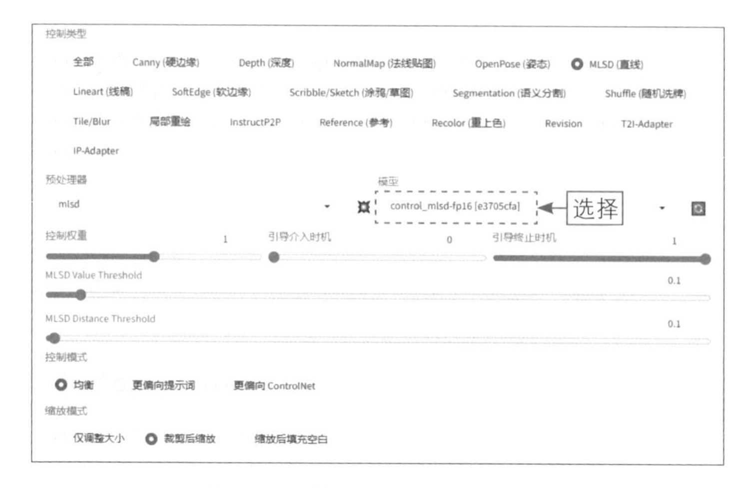

图 10-11　选择相应的预处理器和模型

★ 温馨提示 ★

需要注意的是，Stable Diffusion中有很多看似相同的选项名称，可能在不同位置的大小写、中文解释和功能都不相同，这是因为它们用到的文件不一样。如MLSD，它的控制类型名称为“MLSD（直线）”，预处理器文件的名称为“mlsd（M-LSD直线线条检测）”，而用到的具体模型文件名称为control_mlsd-fp16 [e3705cfa]。

步骤 03 单击Run preprocessor按钮 ，即可根据原图的直线边缘特征生成线稿图，如图10-12所示。

图 10-12　生成线稿图

步骤04 单击“生成”按钮，即可生成相应的新图，跟原图的构图和布局基本一致，效果如图10-13所示。

图 10-13　生成相应的新图

10.2.3　使用局部重绘功能修改装饰画元素

扫码看教学视频

局部重绘是Stable Diffusion图生图的一个重要功能，它能够针对图像的局部区域进行重新绘制，从而制作出各种创意性的图像效果。局部重绘功能可以让用户更加灵活地控制图像的变化，它只针对特定的区域进行修改和变换，而保持其他部分不变。

局部重绘功能可以用于许多场景，用户可以对图像的某个区域进行局部增强或改变，以实现更加细致和精确的图像编辑。下面介绍使用局部重绘功能修改装饰画元素的操作方法。

步骤01 在生成的新图下方，单击“发送图像和生成参数到图生图局部重绘选项卡”按钮，如图10-14所示。

步骤02 执行操作后，切换至“图生图”页面中的“局部重绘”选项卡，同时会将提示词、生成参数和图像同步发送过来，单击参考图右上角的按钮，拖曳滑块，适当调大笔刷，如图10-15所示。

图 10-14　单击“发送图像和生成参数到图生图局部重绘选项卡”按钮

图 10-15　适当调大笔刷

★ 温馨提示 ★

在“局部重绘”选项卡中，有一个“蒙版边缘模糊度”选项，如图10-16所示，用于控制蒙版边缘的模糊程度，作用与Photoshop中的羽化功能类似。较小的“蒙版边缘模糊度”值会使得蒙版边缘更加清晰，而较大的“蒙版边缘模糊度”值则会使得边缘更加模糊。

图 10-16　“蒙版边缘模糊度”选项

步骤 03 涂抹画面中的装饰画，创建相应的蒙版区域，如图10-17所示。

图 10-17　创建相应的蒙版区域

步骤 04 删除正向提示词，在提示词右侧的“请输入新关键词”文本框中，输入相应的中文提示词，按回车键确认即可自动翻译成英文并填入提示词输入框，描述需要重绘的画面内容，如图10-18所示。

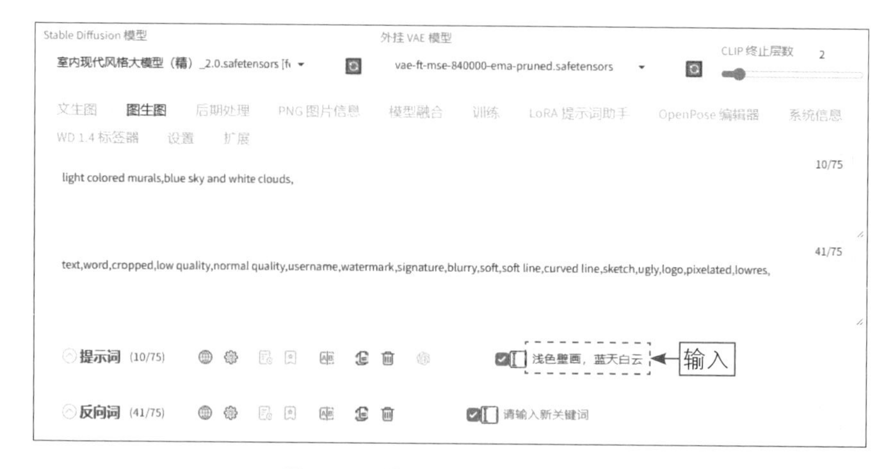

图 10-18　描述需要重绘的画面内容

步骤 05 在页面下方将“重绘幅度”设置为0.4，如图10-19所示，参数值越小，生成的新图越贴合原图的效果。

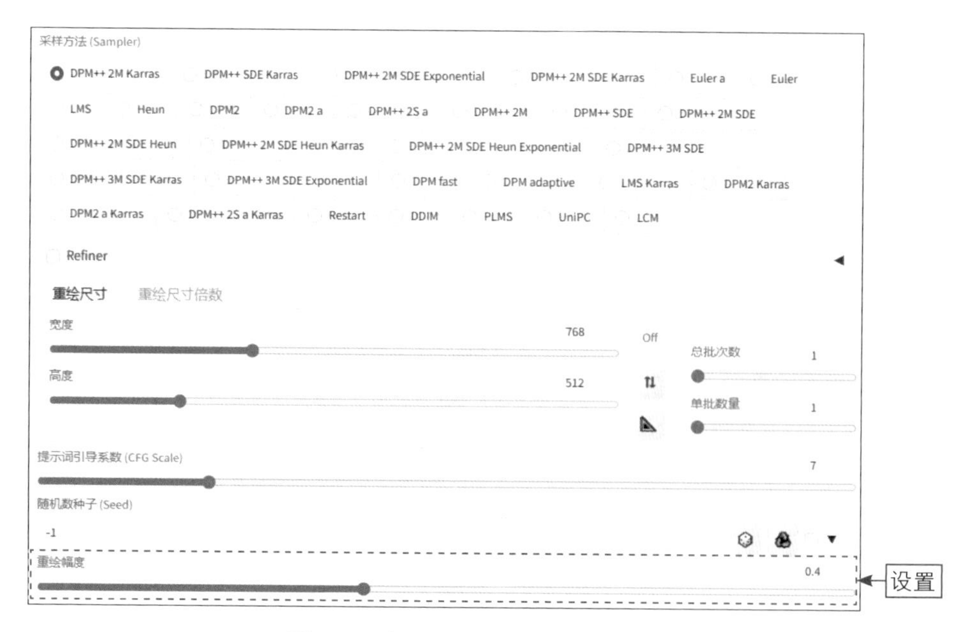

图 10-19　设置“重绘幅度”参数

★ 温馨提示 ★

在Stable Diffusion中，重绘幅度（Denoising Strength）用于控制在图生图中重新绘制图像时的强度或程度，较小的参数值会生成较柔和、逐渐变化的图像效果，而较大的参数值则会产生变化更强烈的图像效果。

通过合理设置重绘幅度值，可以获得更好的生成效果和更符合实际需求的图像处理结果。例如，在改变图像的色调或进行其他形式的颜色调整时，可能需要较小的Denoising Strength值；而在大幅度改变图像内容或进行风格转换时，则可能需要更大的Denoising Strength值。

“重绘幅度”参数可以用于各种不同的图像处理和生成任务，包括图像增强、色彩校正、图像修复等。例如，当“重绘幅度”值较低时，Stable Diffusion可能更注重整体的均匀性，因此生成的图像可能更加平滑和模糊，适用于需要消除噪声或强调整体变化的应用，如图像降噪或风格转换等。

步骤06 单击“生成”按钮，即可生成相应的新图，可以看到装饰画元素出现了较大的变化，而其他部分则保持不变，效果见图10-1。

第 11 章

游戏设计：生成《沙盒城镇原画》画作

借助先进的AI技术，设计师能够为游戏原画注入更多的艺术性和个性化，无论是细腻逼真的写实风格，还是充满想象力的奇幻风格，AI都能够轻松驾驭，为游戏世界增添无尽的魅力。本章将以《沙盒城镇原画》画作为例，探讨AI绘画技术在游戏设计领域的应用技巧。

11.1 效果欣赏：《沙盒城镇原画》

沙盒游戏以其开放性和自由度而深受玩家喜爱，而沙盒城镇则是这类游戏中不可或缺的场景元素。一个精心设计的沙盒城镇原画，不仅能展现城镇的风貌和特色，还能为玩家提供丰富的探索空间。本案例最终效果如图11-1所示。

图 11-1 效果展示

11.2 游戏设计画作的绘制技巧

运用Stable Diffusion这种AI绘画技术，可以突破传统设计的限制，探索更广阔的想象空间，创造出前所未有的游戏世界和角色形象。AI不仅能够快速生成大量的游戏原画，还可以根据设计师的需求和偏好进行定制化创作，为游戏注入独特的艺术风格和视觉魅力。

利用先进的人工智能技术，Stable Diffusion可以生成独特的游戏场景原画，将游戏体验提升到一个全新的水平，本节将介绍具体的方法。

11.2.1 通过专用模型生成沙盒城镇效果

扫码看教学视频

下面介绍结合动漫风格的大模型与国风城镇建筑风格的LoRA模型，打造出别具一格的沙盒城镇游戏原画效果的方法，具体操作如下。

步骤 01 进入“文生图”页面，在“Stable Diffusion模型”下拉列表框中选择一个二次元风格的anything-v5-PrtRE.safetensors [7f96a1a9ca]大模型，输入相应的提示词，指定生成图像的画面内容，如图11-2所示。

图 11-2 输入相应的提示词

步骤 02 适当设置生成参数，单击“生成”按钮，即可生成与提示词描述相对应的图像，但画面偏二次元风格，效果如图11-3所示。

图 11-3 画面偏二次元风格的效果

★ 温馨提示 ★

在选择模型时，除了考虑风格和性能，用户还要注意模型的体积和速度。一些模型虽然性能强大，但体积庞大且运行缓慢，可能会影响创作效率。因此，用户要根据自己的实际需求进行权衡，来选择合适的模型。

步骤 03 在“Stable Diffusion模型”下拉列表框中选择一个动漫类的大模型，如图11-4所示。注意，切换大模型需要等待一定的时间，用户可以进入“控制台”窗口中查看大模型的加载时间，加载完成后大模型才能生效。

图 11-4　选择一个动漫类的大模型

步骤 04 大模型加载完成后，切换至Lora选项卡，选择相应的LoRA模型，如图11-5所示，该LoRA模型主要用于生成古风沙盒风格的城镇建筑效果。

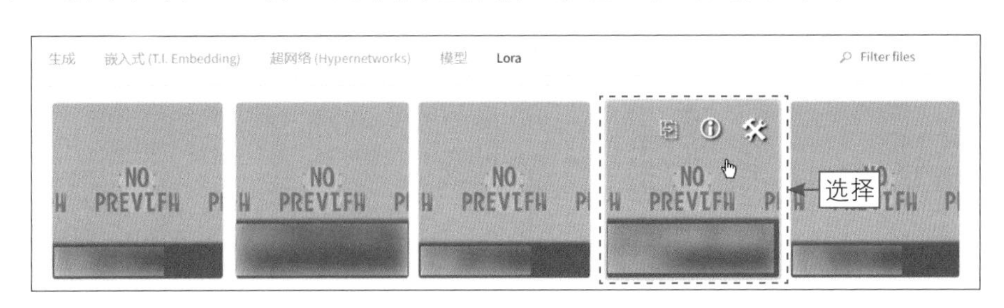

图 11-5　选择相应的 LoRA 模型

步骤 05 执行操作后，即可将该LoRA模型添加到提示词输入框中，将LoRA模型的权重值设置为0.8，引入LoRA模型所代表的特定风格或特征，同时避免过度改变图像的整体外观，如图11-6所示。

图 11-6　添加 LoRA 模型并设置其权重值

步骤 06 设置“总批次数”为2，单击“生成”按钮，即可生成相应的图像，画面充满了古风建筑韵味，效果如图11-7所示。

图 11-7　生成相应的图像效果

11.2.2　使用Canny识别图像边缘信息

扫码看教学视频

Canny（硬边缘）用于识别输入图像的边缘信息，从而提取出图像中的线条。用户可以通过Canny将上传的图片转换为线稿，然后根据关键词生成与上传图片具有相同构图的新画面。下面介绍使用Canny识别图像边缘信息的操作方法。

步骤 01 展开ControlNet选项区，上传一张原图，分别选中“启用”复选框、“完美像素模式”复选框、“允许预览”复选框，自动匹配合适的预处理器分辨率并预览预处理结果，如图11-8所示。

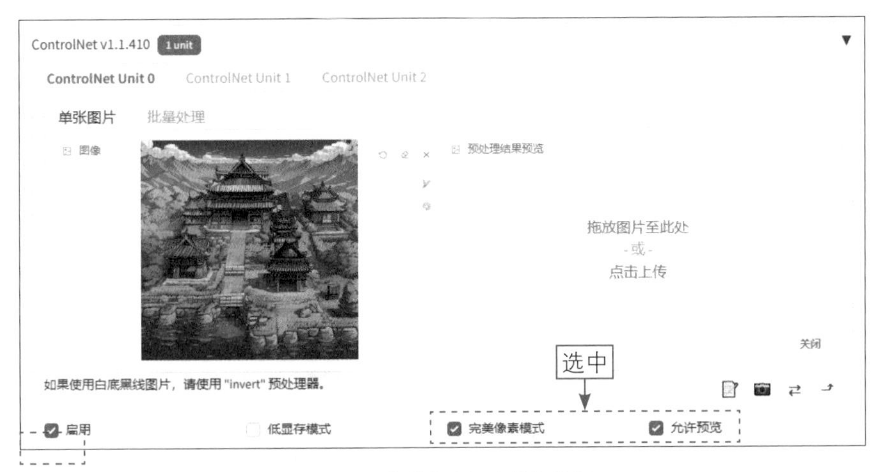

图 11-8　分别选中相应的复选框

步骤 02 在ControlNet选项区下方，选中“Canny（硬边缘）”单选按钮，系统会自动选择canny（硬边缘检测）预处理器，在“模型”下拉列表中选择配套的control_canny-fp16 [e3fe7712]模型，该模型可以识别并提取图像中的边缘特征并输送到新的图像中，单击Run preprocessor按钮💥，如图11-9所示。

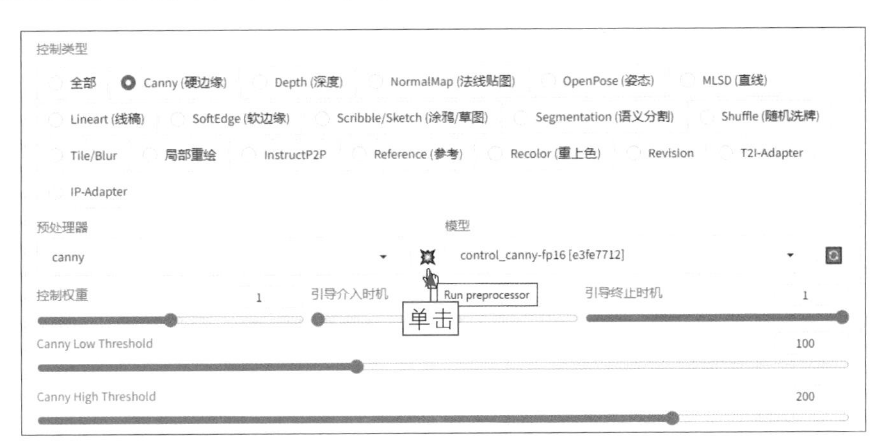

图 11-9　单击 Run preprocessor 按钮

★ 温馨提示 ★

在Canny（硬边缘）控制类型中，除了canny（硬边缘检测）预处理器，还有一个invert（对白色背景黑色线条图像反相处理）预处理器，如图11-10所示。该预处理器的功能是将线稿进行颜色反转，可以轻松实现将手绘线稿转换成模型可识别的预处理线稿图。

图 11-10 Canny（硬边缘）的预处理器

步骤 03 执行操作后，即可根据原图的边缘特征生成线稿图，如图11-11所示。

图 11-11 生成线稿图

步骤 04 设置“总批次数”为1，单击“生成”按钮，即可生成相应的新图，画面中的元素和构图基本与原图一致，原图与效果图对比如图11-12所示。

图 11-12 原图与效果图对比

11.2.3　使用Ultimate SD Upscale放大图像

扫码看教学视频

Ultimate SD Upscale是一款非常受欢迎的图像放大插件，比较适合低显存的计算机，它会先将图像分割为一个个小的图块，再分别放大，然后拼合在一起，能够实现图像的无损放大，让图像细节更加丰富、清晰。下面介绍使用Ultimate SD Upscale放大图像的操作方法。

步骤 01 生成满意的效果图后，将其发送至“图生图”页面的“图生图”选项卡中，作为参考原图，如图11-13所示。

图 11-13　将生成的效果图发送到“图生图”选项卡

步骤 02 设置“重绘幅度”为0.35（避免参数过高导致图像失真），对图像的生成参数进行调整，让新图的效果与原图基本一致，如图11-14所示。

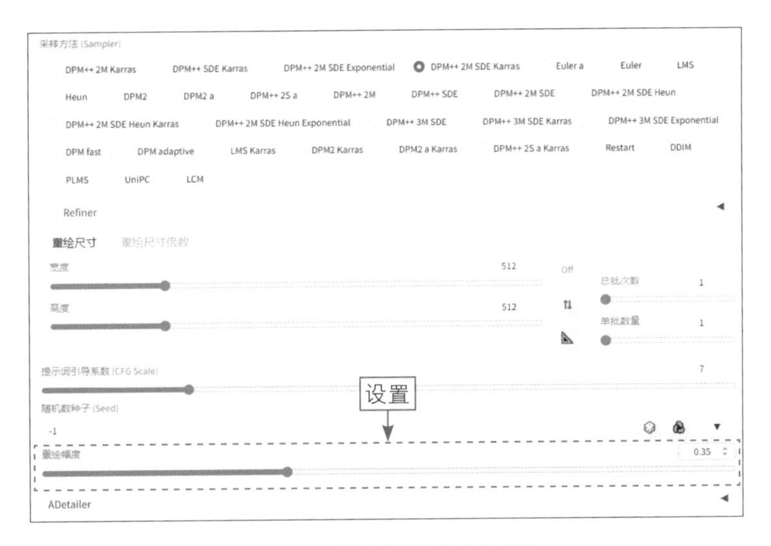

图 11-14　设置“重绘幅度”参数

步骤 03 在页面底部的“脚本”下拉列表框中选择Ultimate SD upscale选项，展开相应的插件选项区，设置“Target size type（目标尺寸类型）”为Scale from image size（从图像大小缩放）、“放大算法”为ESRGAN_4x（逼真写实类）、“类型”为Chess（分块），可以减少图像伪影，如图11-15所示。

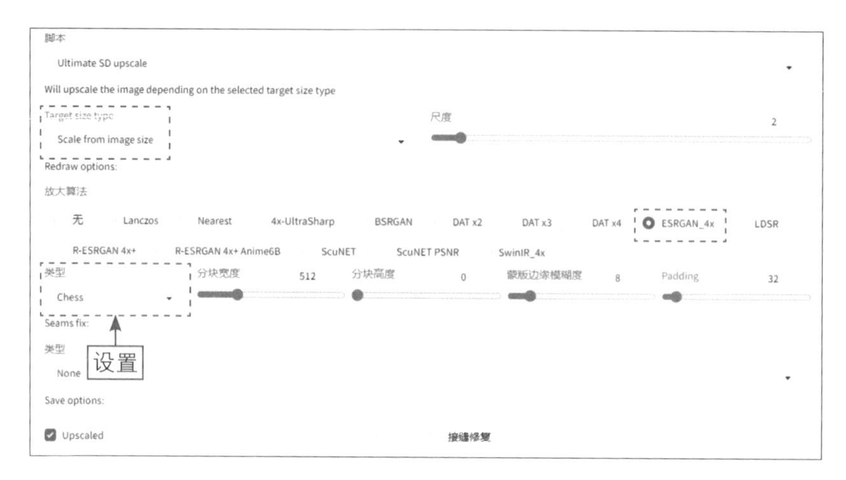

图 11-15 设置插件参数

步骤 04 单击“生成”按钮，即可生成相应的图像，并将图像放大为原来的两倍，同时保持画面元素基本不变，效果见图11-1。

第 12 章

3D设计：生成《人物三视图》画作

Stable Diffusion作为一种前沿的AI绘画技术，其强大的图像生成能力在3D设计领域得到了充分的发挥。通过对本章的学习，读者将掌握如何运用Stable Diffusion生成高质量的3D设计作品，并增添独特的创意和风格。

12.1 效果欣赏：《人物三视图》

人物三视图是一种常用的角色设计、动画制作和工业设计的表现方式，它包含了人物的正面、侧面和背面三个主要视角的视图。这三个视图可以全面地展示人物的身体结构、姿态和服装特征，为设计师或创作者提供清晰的视觉参考。

在正面视图中，人物面对观察者，展示其面部特征、发型和正面身体轮廓；侧面视图则展示人物的侧面轮廓、身体曲线和姿态；背面视图则聚焦于人物的背部结构、发型和服装的背部设计。本案例最终效果如图12-1所示。

图 12-1 效果展示

12.2 3D设计画作的绘制技巧

使用Stable Diffusion能够创造出精确且富有艺术感的人物三视图，为角色设计、游戏开发、动画制作等领域提供强有力的视觉支持。本节将介绍人物三视图的绘制技巧，帮助大家踏上充满创意与想象力的3D设计之旅。

12.2.1 通过LoRA模型生成人物三视图

扫码看教学视频

下面借助专用的LoRA模型，并根据给定的提示词，生成符合要求的人物三视图，具体操作方法如下。

步骤 01 进入“文生图”页面，选择一个2.5D动画类的大模型，输入相应的提示词，指定生成图像的画面内容，如图12-2所示。

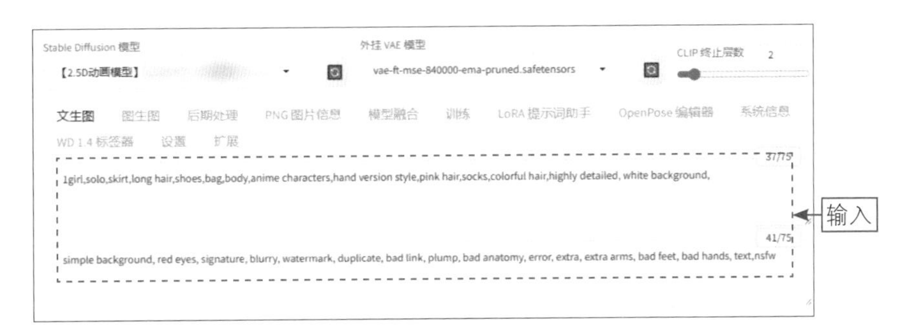

图 12-2　输入相应的提示词

★ 温馨提示 ★

2.5D动画模型采用了一种独特的视觉表现形式，将二维图像的细腻和三维图像的立体感完美融合，能够在二维平面图像中模仿出3D画面效果。这种模型以简洁明了的线条和色彩构建出层次丰富、空间感强烈的画面，呈现出极强的视觉冲击力。2.5D动画模型在游戏、动画、插画等AI绘画领域都有广泛的应用，为用户提供了全新的创作思路和表达方式。2.5D动画模型生成的图像比平面的更具立体感，能够呈现出生动且具有情感的艺术形象，使得图像的立体感更加强烈、细节更加精细。

步骤 02 适当设置生成参数，单击“生成”按钮，即可生成与提示词描述相对应的图像，但画面中的人物只有一个，效果如图12-3所示。

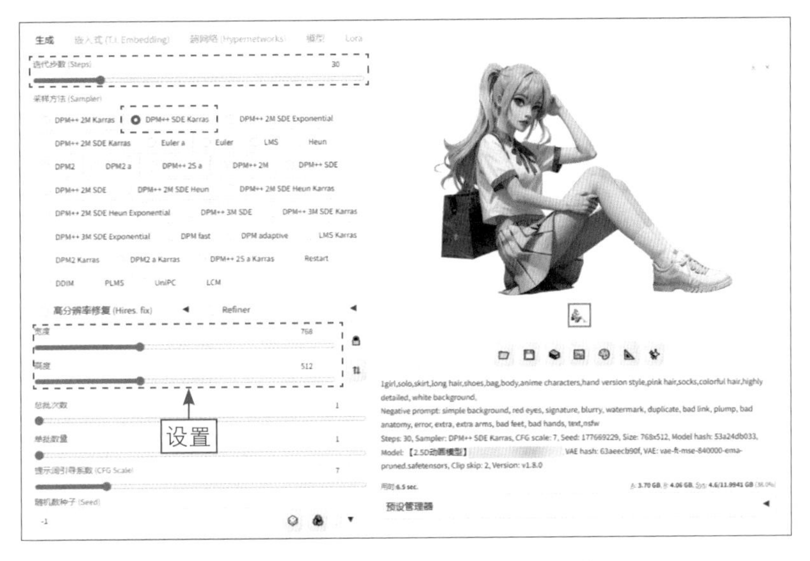

图 12-3　生成与提示词描述相对应的图像效果

步骤 03 切换至Lora选项卡，选择一个专门生成人物三视图的LoRA模型，将其添加到提示词输入框中，并将LoRA模型的权重值设置为0.8，适当降低LoRA模型对AI出图效果的影响，如图12-4所示。

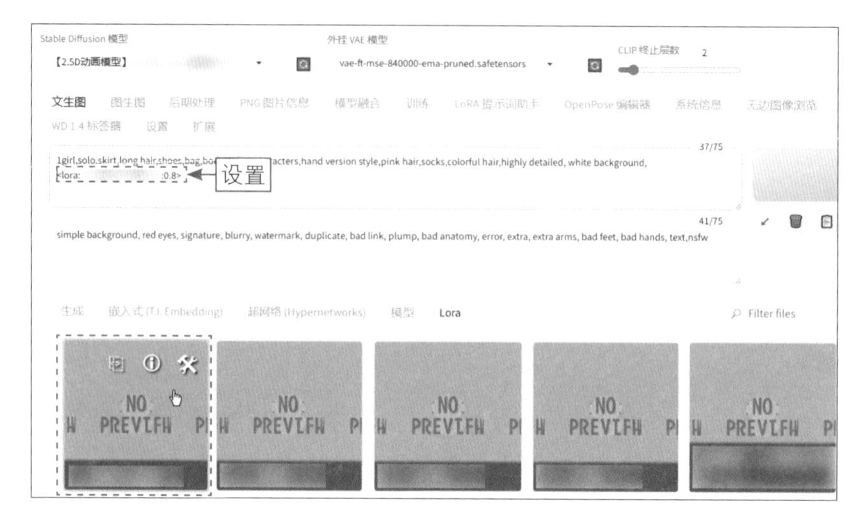

图 12-4　添加 LoRA 模型并设置其权重值

步骤 04 单击“生成”按钮，即可生成相应的图像，画面中出现了人物的正面、侧面和背面，但角度不是很精准，效果如图12-5所示。

图 12-5　生成相应的图像效果

12.2.2　使用ControlNet控制画面构图

接下来使用ControlNet固定人物三视图的角度，使其能够完美地呈现人物的正面、侧面和背面效果，具体操作方法如下。

步骤 01 展开ControlNet选项区，上传一张骨骼姿势图，选中“启用”和“完美像素模式”复选框，自动匹配合适的预处理器分辨率，如图12-6所示。

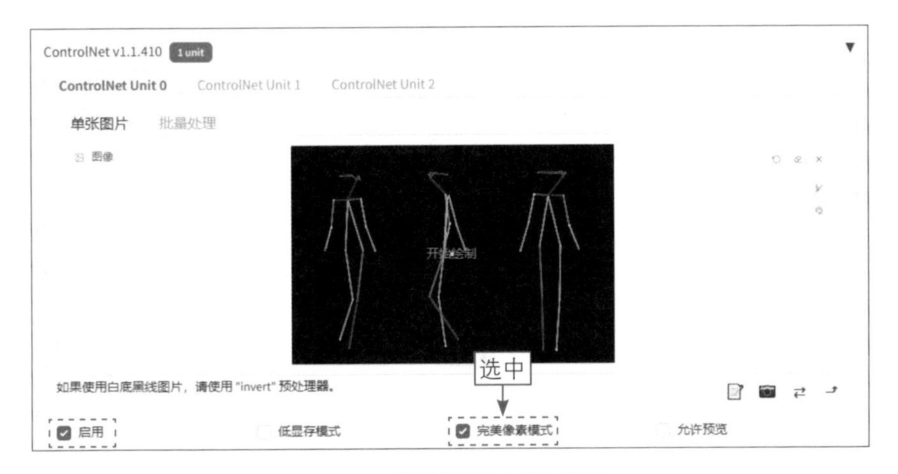

图 12-6　分别选中相应的复选框

步骤 02 在ControlNet选项区下方，设置“模型”为control_openpose-fp16 [9ca67cc5]，用于固定人物的动作姿势，如图12-7所示。

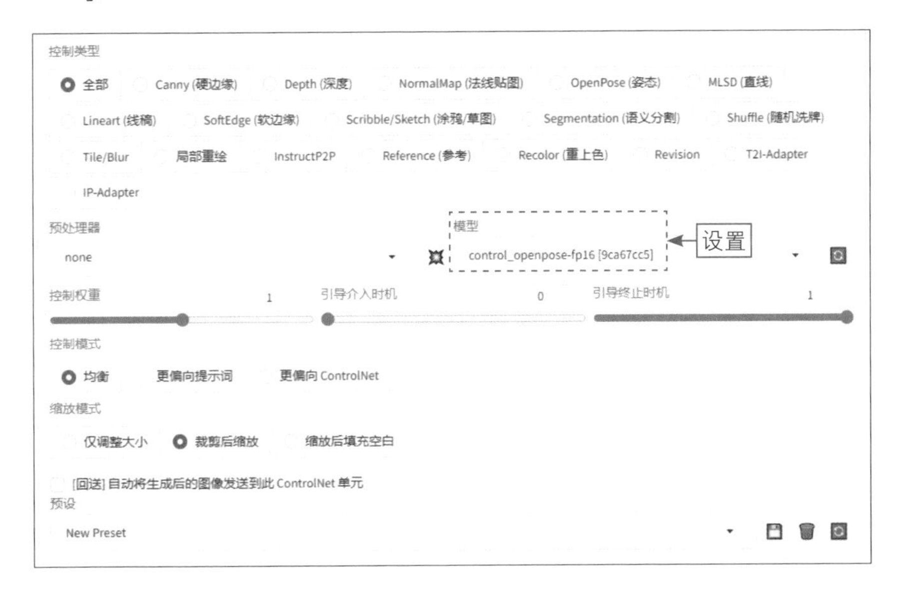

图 12-7　设置“模型”参数

★ 温馨提示 ★

ControlNet的原理是通过控制神经网络块的输入条件，来调整神经网络的行为。简单来说，ControlNet能够基于用户上传的图片，提取图片的某些特征，控制AI根据这个特征生成用户想要的图片，这就是它的强大之处。

步骤 03 单击“生成”按钮，即可生成相应的图像，人物的视角基本是正确的，但脸部和手部都出现了比较明显的变形，效果如图12-8所示。

图 12-8 生成相应的图像效果

12.2.3 修复三视图中的人物脸部和手部

扫码看教学视频

下面使用ADetailer对人物的脸部和手部进行修复，具体操作方法如下。

步骤 01 展开ADetailer选项区，选中“启用After Detailer”复选框，启用该插件，设置“After Detailer模型”为face_yolov8n.pt，该模型可以用于修复人脸，如图12-9所示。

步骤 02 切换至“单元2”选项卡，设置“After Detailer模型”为hand_yolov8n.pt，该模型可以用于修复人物手部，如图12-10所示。

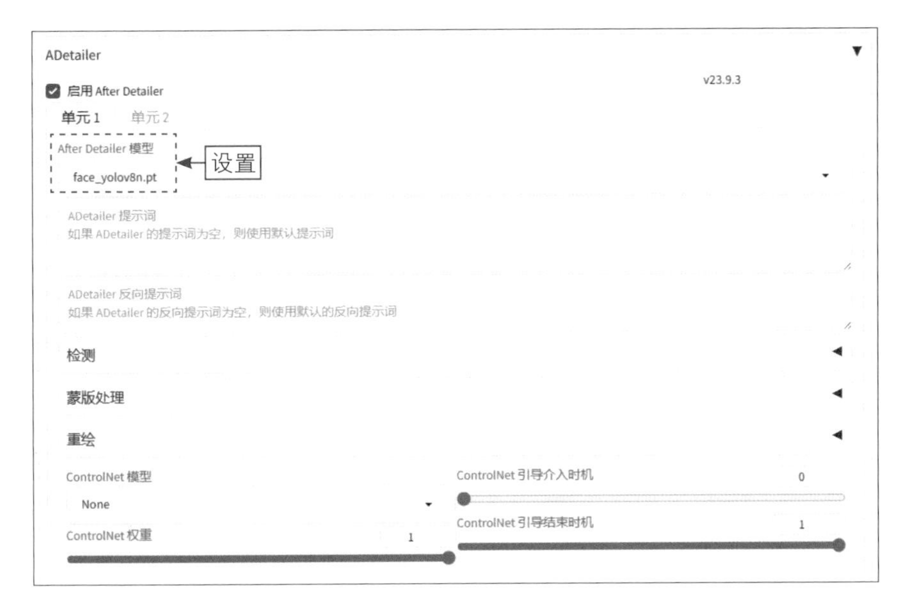

图 12-9　设置修脸模型

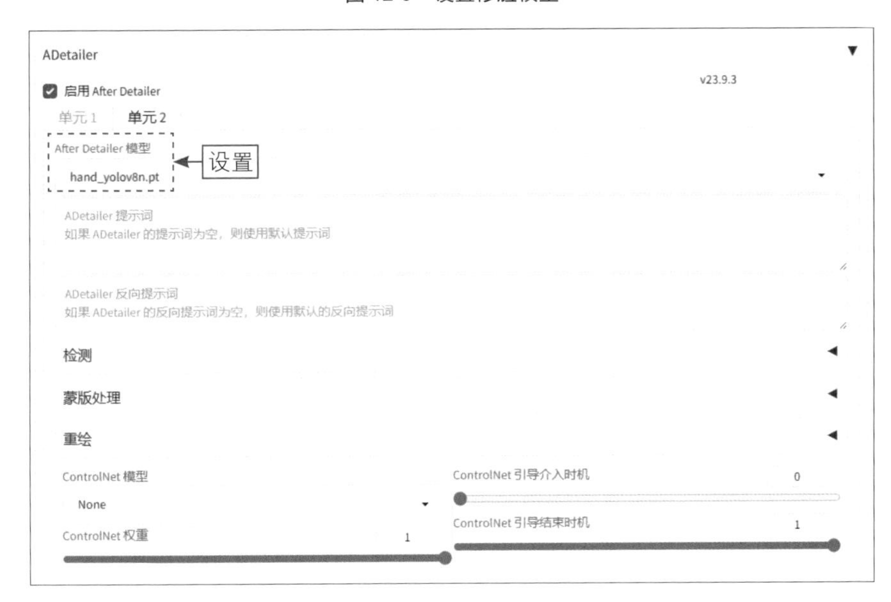

图 12-10　设置修手模型

★ 温馨提示 ★

注意，由于AI绘画技术的局限性，加上普通家用计算机显卡的性能不足，在绘制人物全身画面或多个人物图像时，对手部的修复还不能做到百分百完美，因此手部出现瑕疵是很难避免的，用户需要多生成几次，通过“抽卡”的方式选择一张手部相对完美的图片。

步骤03 展开“高分辨率修复（Hires.fix）”选项区，选择R-ESRGAN 4x+ Anime6B放大算法，让生成的人物图像更加清晰，如图12-11所示。

图 12-11　选择 R-ESRGAN 4x+ Anime6B 放大算法

步骤04 单击“生成”按钮，即可生成相应的图像，在保证人物三视图的视角基本准确的同时，进一步改善人物的脸部和手部，效果见图12-1。

第 13 章

服饰设计：生成《星空礼服》画作

AI服装设计不仅是对传统设计方法的革新，更是对未来时尚趋势的预见与引领。借助先进的AI算法和模型，设计师们能够迅速捕捉时尚元素，生成多样化的设计方案，从而满足日益多样化的市场需求。

13.1 效果欣赏：《星空礼服》

礼服作为展现个人品位与风格的重要载体，在时尚界始终占据着举足轻重的地位。然而，传统的礼服设计过程往往依赖设计师的经验与直觉，创作周期较长且难以满足市场的快速变化。AI不仅能够根据特定的场合、人物特征及风格偏好，自动生成符合要求的礼服，还能够通过不断优化算法，创造出令人惊艳的服饰效果。本案例最终效果如图13-1所示。

图 13-1 效果展示

13.2　服饰设计画作的绘制技巧

本节将详细介绍使用Stable Diffusion生成《星空礼服》画作的操作方法，逐步引导大家掌握使用Stable Diffusion设计服饰的核心技能。

13.2.1　使用正向提示词绘制画面内容

扫码看教学视频

Stable Diffusion中的正向提示词是指那些能够引导AI模型生成符合用户需求的图像结果的提示词，这些提示词可以描述所需的全部图像信息。下面介绍使用正向提示词绘制《星空礼服》画面内容的操作方法。

步骤01 进入“文生图”页面，选择一个写实类的大模型，输入相应的正向提示词，描述画面的主体内容，如图13-2所示。

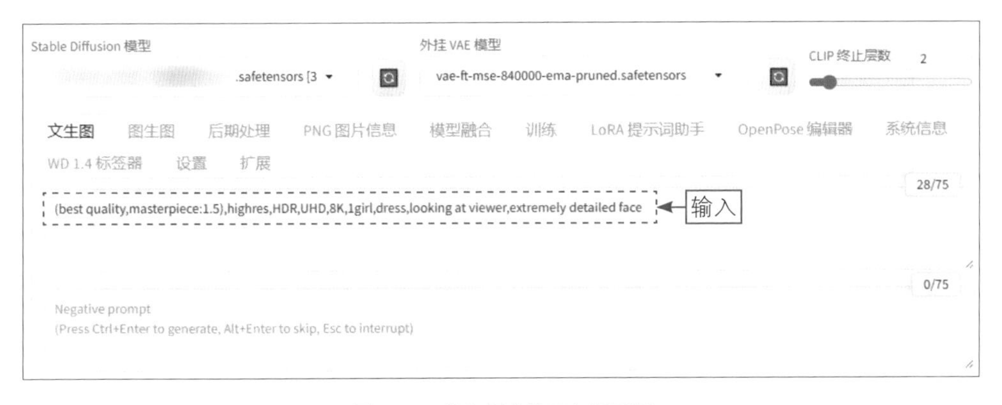

图 13-2　输入相应的正向提示词

★ 温馨提示 ★

正向提示词可以是各种内容，以提高图像质量，如masterpiece（杰作）、best quality（最佳质量）、extremely detailed face（极其细致的面部）等。这些提示词可以根据用户的需求和目标来定制，以帮助AI模型生成更高质量的图像。

步骤02 在页面下方设置“迭代步数（Steps）”为30、“采样方法（Sampler）”为DPM++ 2M Karras、“宽度”为512、“高度”为768、“总批次数”为2，提高生成图像的质量和分辨率，如图13-3所示。

步骤03 单击“生成”按钮，即可生成与提示词描述相对应的图像，但画面整体质量不佳，效果如图13-4所示。

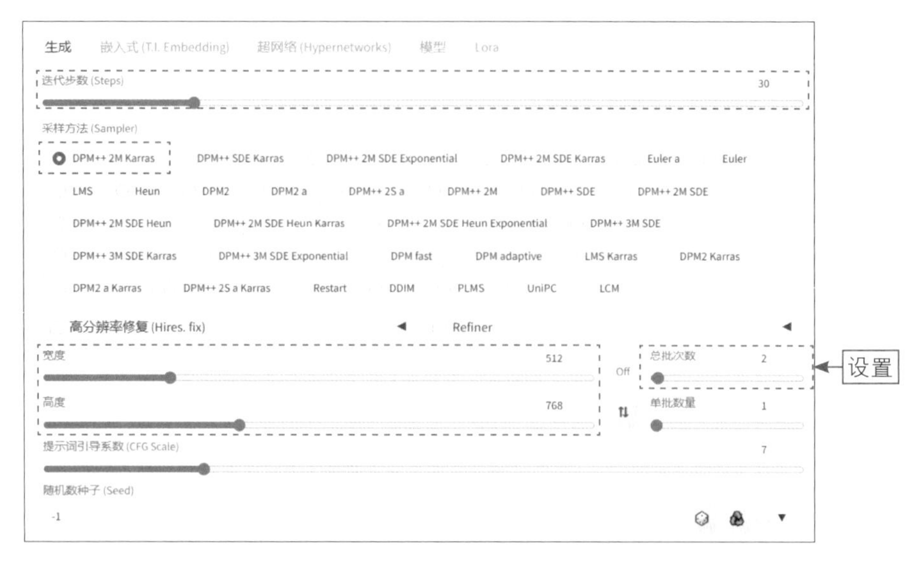

图 13-3　设置相应的参数

图 13-4　生成与提示词描述相对应的图像效果

13.2.2　使用反向提示词优化出图效果

扫码看教学视频

Stable Diffusion中的反向提示词（又称为负向提示词或反向词）是用来描述不希望在所生成图像中出现的特征或元素的提示词。反向提示词可以帮助AI模型排除某些特定的内容或特征，从而使生成的图像更加符合用户的需求。下面在上一例效果的基础上，输入相应的反向提示词，对图像进行优化和调整，让人物细节更清晰、完美，具体操作方法如下。

步骤 01 在“文生图”页面中，输入相应的反向提示词，如图13-5所示。反向提示词的使用，可以让Stable Diffusion更加准确地满足用户的需求，避免生成不必要的内容或特征。

图 13-5　输入相应的反向提示词

步骤 02 单击“生成”按钮，生成与提示词描述相对应的图像，且画面质量更好一些，效果如图13-6所示。

图 13-6　通过反向提示词优化图像效果

★ 温馨提示 ★

需要注意的是，反向提示词可能会对生成的图像产生一定的限制，因此用户需要根据具体需求进行权衡和调整。

13.2.3 添加LoRA模型绘制礼服效果

扫码看教学视频

在使用Stable Diffusion生成礼服图像时，可以尝试结合不同的LoRA模型，探索出更多独特而富有创意的设计方案，具体操作方法如下。

步骤 01 切换至LoRA选项卡，选择相应的LoRA模型，如图13-7所示，该LoRA模型专门用于绘制星空礼服。

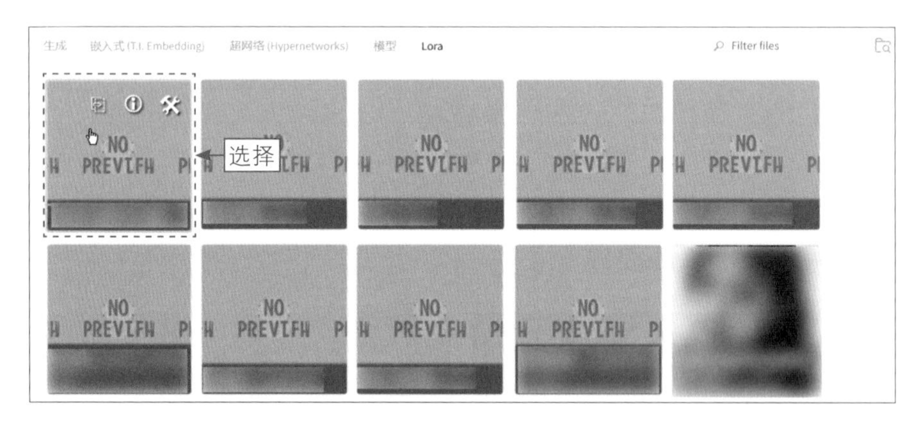

图 13-7 选择相应的 LoRA 模型

步骤 02 执行操作后，即可将该LoRA模型添加到提示词输入框中，将LoRA模型的权重值设置为0.9，引入LoRA模型所代表的特定风格或特征，同时避免过度改变图像的整体外观，如图13-8所示。

图 13-8 添加 LoRA 模型并设置其权重值

步骤03 继续添加一个改变人物风格的LoRA模型，将其权重值设置为0.6，使人物形象更加生动逼真，如图13-9所示。

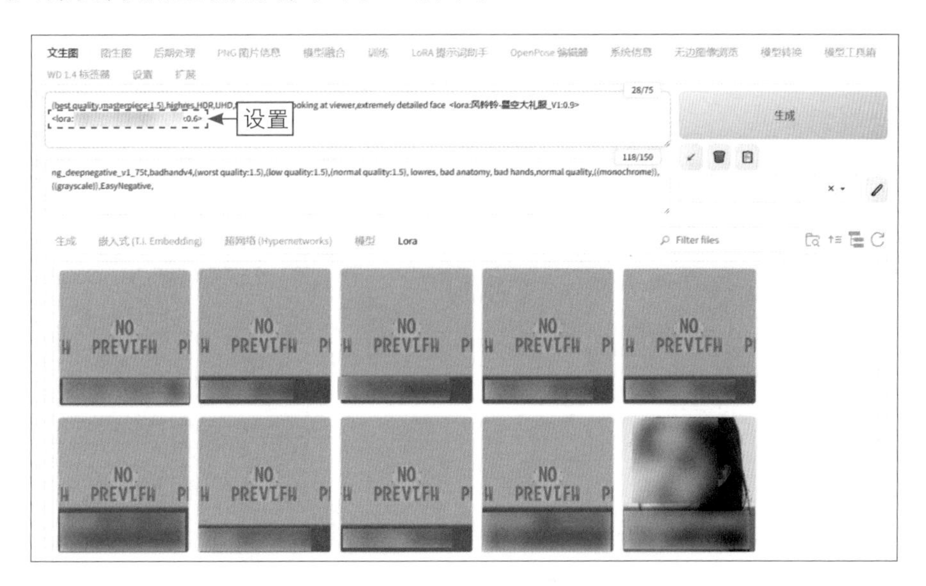

图 13-9　添加 LoRA 模型并设置其权重值

步骤04 设置“总批次数”为1，单击“生成”按钮，生成相应的图像，AI不仅能够捕捉到星空的深邃与璀璨，将其融入礼服的设计之中，还能为人物赋予独特的风格和气质，效果见图13-1。

第 14 章

玩具设计：生成《Q版手办》画作

玩具设计作为创意与工艺的结合体，一直以来都吸引着无数设计师和消费者的目光。其中，手办作为一种受欢迎的玩具形式，以其可爱的造型和精致的细节，吸引了众多消费者购买和收藏。本章主要以《Q版手办》画作为例，介绍使用Stable Diffusion进行玩具设计的相关技巧。

14.1　效果欣赏：《Q版手办》

Q版手办以其可爱迷你的造型、夸张生动的表情和丰富多样的角色设计，深受年轻人的喜爱。掌握AI玩具设计的基本技巧以后，大家可以将自己的创意与想象力转化为一个个鲜活的手办形象，为玩具世界增添一抹亮丽的色彩。本案例最终效果如图14-1所示。

图 14-1　效果展示

14.2　玩具设计画作的绘制技巧

AI玩具设计不仅是简单的图像生成，它更是一种将创意与科技完美融合的艺术，设计师可以利用Stable Diffusion实现更加丰富多样的形象构思。无论是可爱的卡通角色、奇幻的生物，还是具有未来感的机器人，都可以在Stable Diffusion的帮助下成为现实。本节主要介绍《Q版手办》画作的绘制技巧，为玩具设计行业带来更多的可能性。

14.2.1　使用2.5D动画大模型生成基本图像

扫码看教学视频

基础大模型通常具有广泛的适用性和强大的AI绘画性能，适合初学者和需要快速获取结果的用户。如果用户有特定的创作需求或绘画风格，可以使用一些特定风格的大模型，这些大模型能提供更加个性化的创作体验。下面介绍使用2.5D动画大模型生成基本图像的操作方法。

步骤 01 进入“文生图”页面，在“Stable Diffusion模型”下拉列表框中选择一个2.5D动画类的大模型，如图14-2所示。

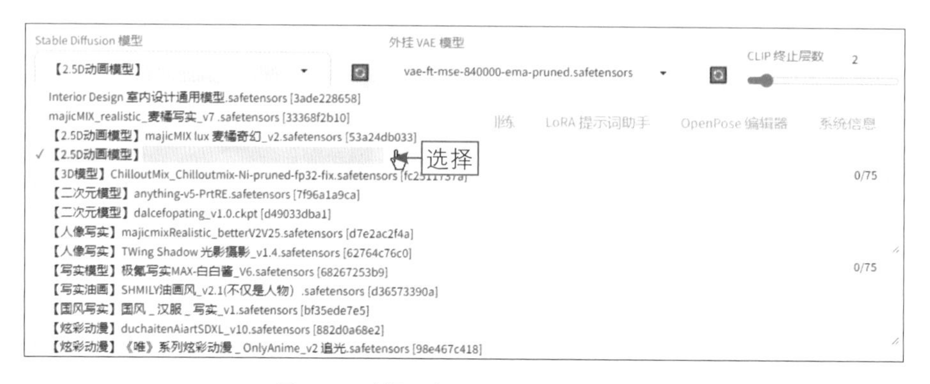

图 14-2　选择一个 2.5D 动画类的大模型

步骤 02 输入相应的正向提示词，用于描述画面的主体内容，如图14-3所示。

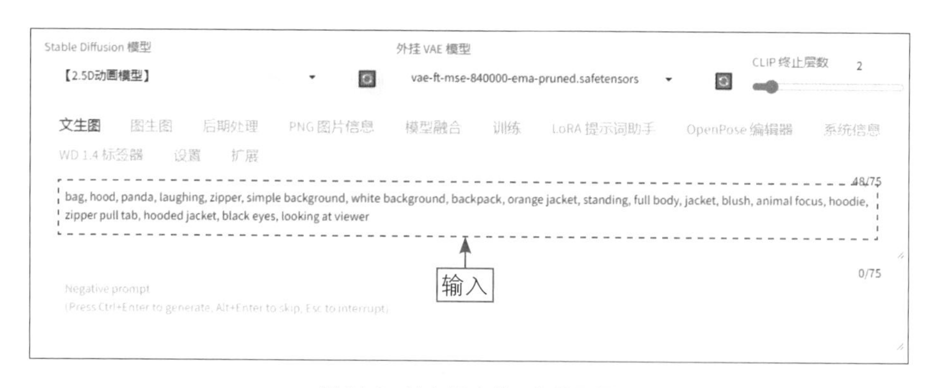

图 14-3　输入相应的正向提示词

★ 温馨提示 ★

使用Stable Diffusion的文生图或图生图功能进行AI绘画时，用户可以通过给定一些提示词或上下文信息，让AI生成与这些文本描述相关的图像效果。

步骤 03 在页面下方设置“宽度”为512、“高度”为768，将图像调为竖图，单击“生成”按钮，即可生成对应的图像，但画面质量较差，效果如图14-4所示。

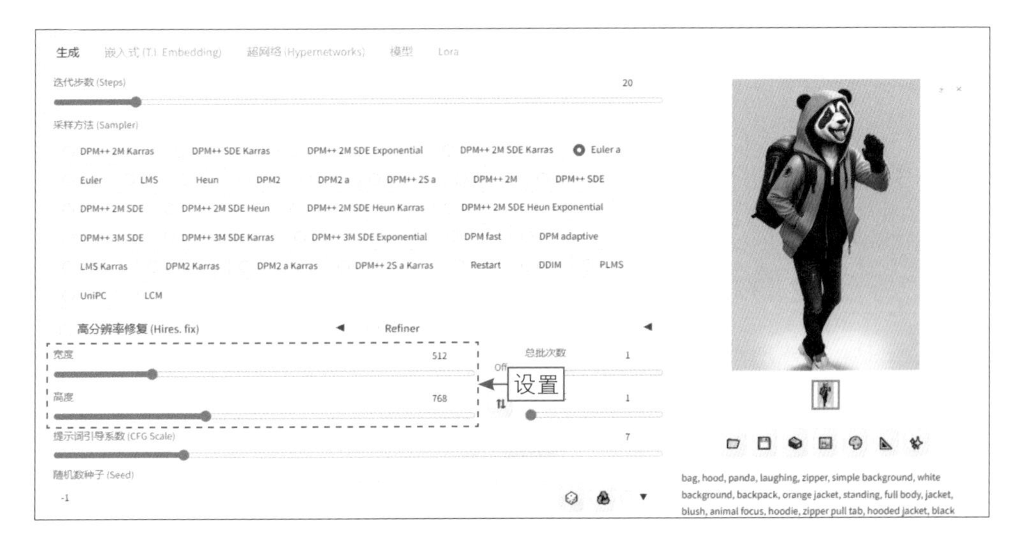

图 14-4 生成对应的图像效果

14.2.2 使用Embedding模型微调图像效果

扫码看教学视频

虽然Checkpoint模型包含大量的数据信息，但其动辄几吉（GB）的文件包使用起来不够轻便。有的时候，用户只需训练一个能体现人物特征的模型来使用，但如果每次都要对整个神经网络的参数进行微调，操作起来未免过于烦琐。此时，Embeddings模型便闪亮登场了。

例如，避免错误画手、脸部变形等问题都可以通过调用Embeddings模型来解决，著名的EasyNegative就是这类模型。下面介绍使用Embedding模型微调图像效果的操作方法。

步骤 01 单击反向提示词输入框，切换至“嵌入式（T.I. Embedding）”选项卡，在其中选择EasyNegative模型，即可将其自动填入反向提示词输入框，并添加相应的反向提示词，如图14-5所示。使用EasyNegative模型可以有效提升画面的精细度，避免模糊、灰色调、面部扭曲等情况。

步骤 02 其他生成参数保持不变，单击“生成”按钮，即可调用EasyNegative模型中的反向提示词来生成图像，画质更好一些，但Q版手办的特征还是不够明显，效果如图14-6所示。

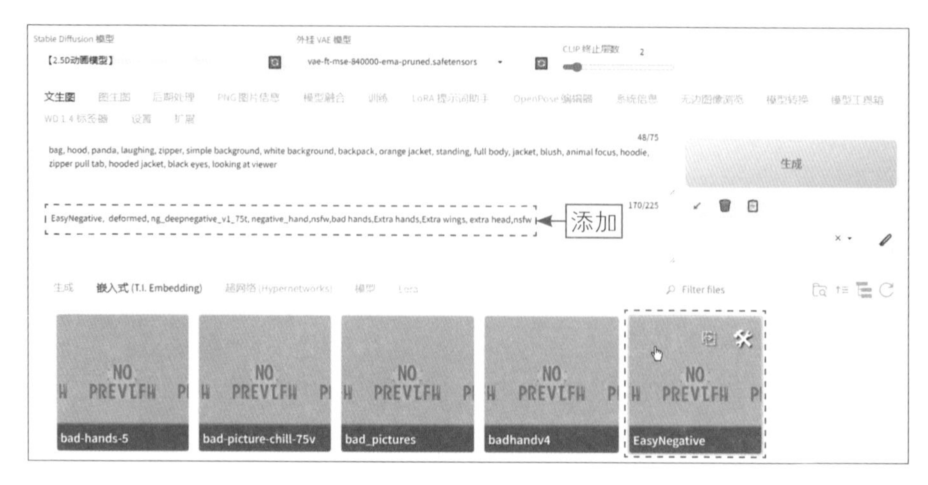

图 14-5　添加 EasyNegative 模型和反向提示词

图 14-6　使用 EasyNegative 模型生成的图像效果

★ 温馨提示 ★

Embedding又称为嵌入式向量，它是一种将高维对象映射到低维空间的技术。Embedding的模型文件普遍都非常小，有的大小可能只有几十字节（KB）。为什么模型之间会有如此大的大小差距呢？相比之下，Checkpoint就像是一本厚厚的字典，里面收录了图片中大量元素的特征信息；而Embedding则像是一张便利贴，它本身并没有存储很多信息，而是将所需的元素信息提取出来进行标注。

14.2.3　使用LoRA模型生成Q版手办效果

扫码看教学视频

下面主要借助专用的LoRA模型，并根据给定的提示词，生成符合要求的Q版手办效果图，具体操作方法如下。

步骤01 切换至LoRA选项卡，选择一个Q版手办风格的LoRA模型，如图14-7所示。

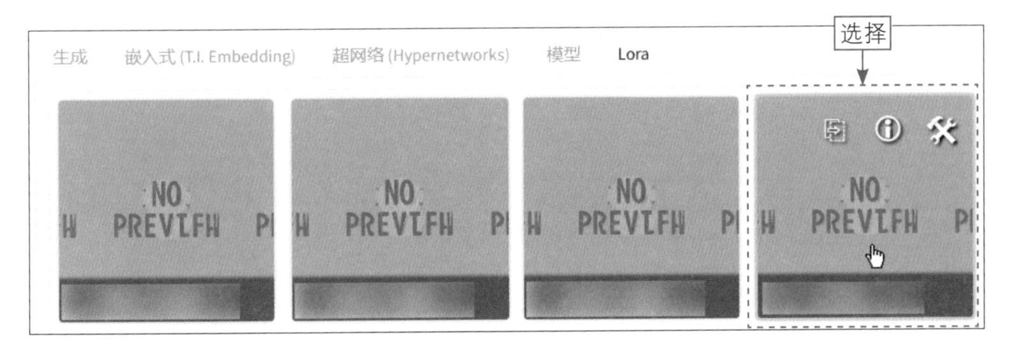

图 14-7　选择相应的 LoRA 模型

步骤02 执行操作后，即可将LoRA模型添加到正向提示词输入框中，如图14-8所示。

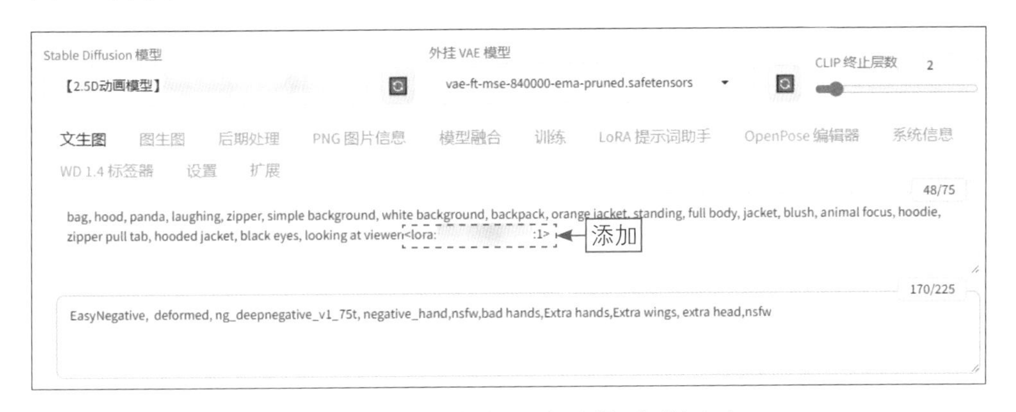

图 14-8　将 LoRA 模型添加到正向提示词输入框中

★ 温馨提示 ★

知识产权（Intellectual Property，IP）形象是指企业或其品牌以卡通化的形式进行拟人化演绎，并将其作为企业的吉祥物，赋予其独特的性格、故事、文化等内涵，以更好地与消费者进行情感沟通和互动。这种形象化的展示方式，可以更容易地吸引目标受众的注意，并通过故事化的方式传递企业的核心价值和品牌理念。同时，IP形象通常具有高度的识别性和记忆性，有助于提升品牌知名度和忠诚度。

在市场营销中，IP形象常被用作一种创新的营销手段，通过与消费者的互动和共鸣，加强品牌与消费者之间的情感联系，从而推动品牌的发展和销售的提升。

步骤 03 展开“高分辨率修复（Hires.fix）”选项区，设置“放大算法”为R-ESRGAN 4x+、“重绘幅度”为0.5，避免AI画出多余的元素，单击“生成”按钮，即可生成相应的图像，这是使用LoRA模型后的效果，更能体现Q版手办的风格，如图14-9所示。

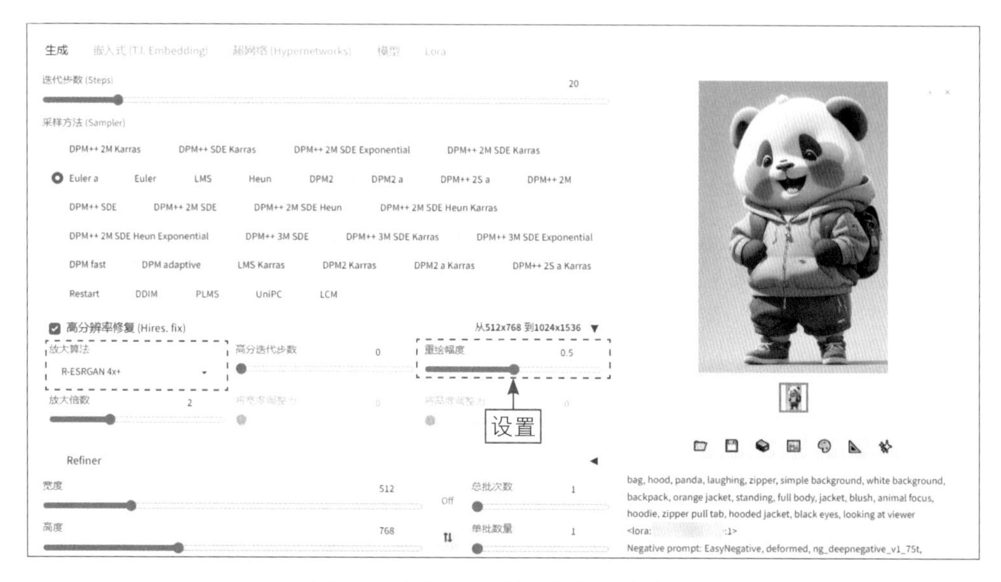

图 14-9　使用 LoRA 模型生成的图像效果

第15章

汽车设计：生成《酷炫跑车》画作

汽车造型设计作为汽车产业链中的重要一环，也迎来了与AI技术的深度融合。AI能够生成既符合审美需求又具备创新性的汽车造型设计方案，助力汽车厂商打造出更加独特、美观和实用的汽车产品，满足消费者日益增长的个性化需求。

15.1　效果欣赏：《酷炫跑车》

当人们谈及未来的汽车设计时，脑海中总会浮现出一幅幅充满科技感和未来感的画面。而在这些画面中，跑车无疑是最引人注目的一道风景线。如今，借助人工智能技术的力量，人们得以一窥未来跑车的风采。在《酷炫跑车》这一设计效果展示中，可以看到这款跑车的设计充满了科技感和未来感，流线型的车身线条、独特的车灯设计及炫酷的色彩搭配，都展现出了其不凡的气质。本案例最终效果如图15-1所示。

图 15-1　最终效果

15.2　汽车设计画作的绘制技巧

本节主要介绍如何使用Stable Diffusion设计汽车外形效果，通过精美的图片展示出汽车产品的外形特点，能够更好地赢得消费者的信任，并激发他们的购买欲望。

15.2.1　通过LoRA模型生成概念车效果

扫码看教学视频

下面主要使用LoRA模型来生成未来概念车效果，实现更加自由和创新的设计，具体操作方法如下。

步骤01 进入“文生图”页面，选择一个写实类的大模型，输入相应的提示词，指定生成图像的画面内容，如图15-2所示。

图 15-2　输入相应的提示词

步骤02 切换至LoRA选项卡，选择一个未来概念车风格的LoRA模型，如图15-3所示。

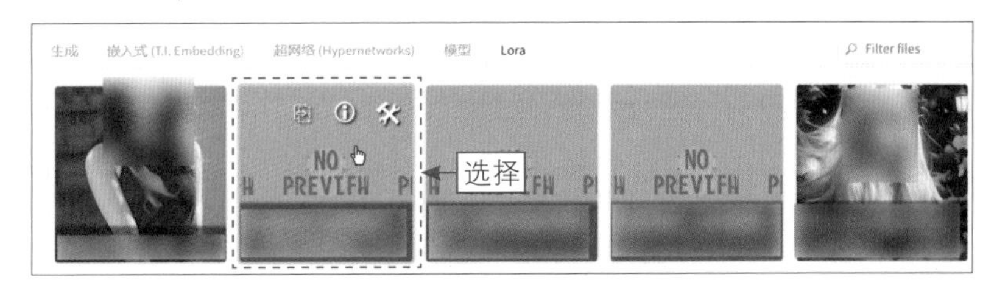

图 15-3　选择相应的 LoRA 模型

步骤03 执行操作后，即可将该LoRA模型添加到提示词输入框中，如图15-4所示。

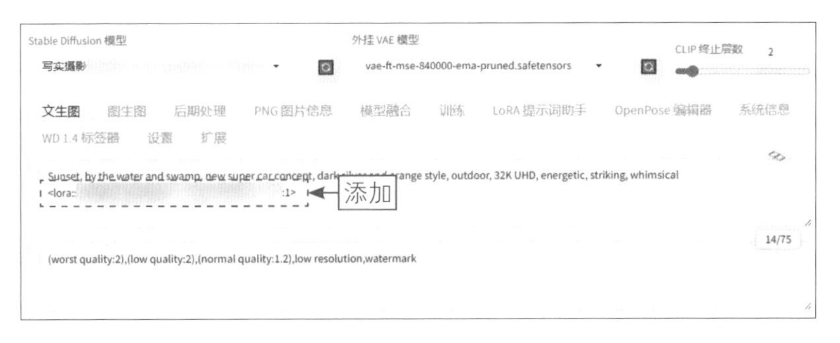

图 15-4　添加 LoRA 模型

步骤 04 设置“迭代步数（Steps）”为35、“采样方法（Sampler）”为DPM++ 3M SDE Karras、“总批次数”为2、“宽度”和“高度”均为768，让AI在处理具有复杂细节或丰富色彩的图像时表现更为出色，如图15-5所示。

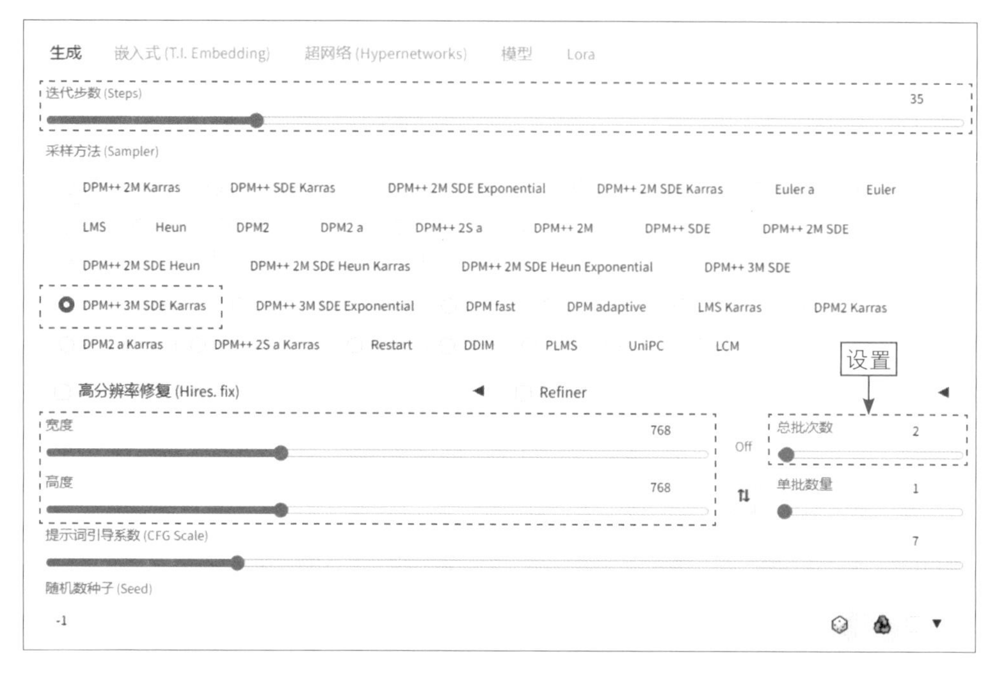

图 15-5　设置相应的参数

步骤 05 单击“生成”按钮，即可生成相应的图像，效果如图15-6所示。

图 15-6　生成相应的图像

15.2.2　使用Photography打造摄影风格

扫码看教学视频

Photography（摄影）这个Prompt在AI绘画中有非常重要的作用，它可以捕捉静止或运动的物体，以及自然景观等表现形式，并通过模拟合适的光圈、快门速度、感光度等相机参数来控制AI的出图效果。下面介绍使用Photography打造摄影风格的操作方法。

步骤 01 在正向提示词的后面添加（Photography:1.2），代表提示词Photography提升1.2倍权重，如图15-7所示。添加Photography这个提示词，可以让AI生成的图像看起来更像是通过摄影捕捉到的真实场景或物体，而不是一种更抽象或艺术化的风格。

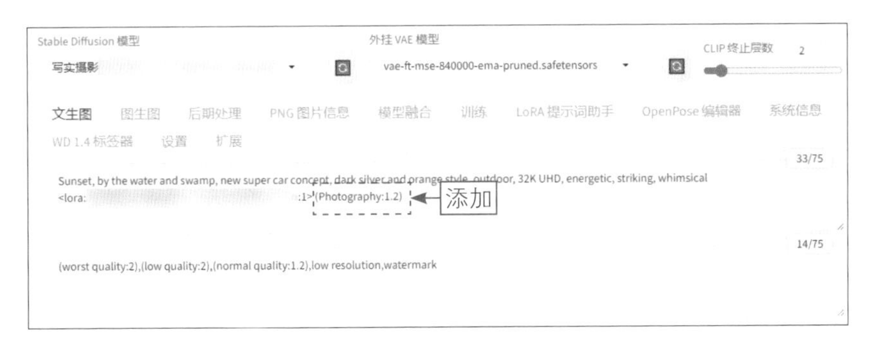

图 15-7　添加相应的提示词

步骤 02 单击“生成”按钮，生成相应的图像，不仅亮部和暗部都能保持丰富的细节，而且营造出了丰富多彩的画面影调，效果如图15-8所示。

图 15-8　生成相应的图像

15.2.3 使用NormalMap提取法线向量

扫码看教学视频

使用NormalMap可以从原图中提取3D物体的法线向量，绘制的新图与原图的光影效果完全相同。NormalMap可以实现在不改变物体真实结构的基础上反映光影分布的效果，被广泛应用在计算机图形学（Computer Graphics，CG）动画渲染和游戏制作等领域。

★ 温馨提示 ★

NormalMap常用于呈现物体表面更为逼真的光影细节。通过本案例中的原图和效果图对比，可以清楚地看到，在应用NormalMap进行控图后，生成的图像中的光影效果得到了显著增强。

下面介绍使用NormalMap提取法线向量的操作方法。

步骤 01 展开ControlNet选项区，上传一张原图，分别选中“启用”复选框、“完美像素模式”复选框、“允许预览”复选框，自动匹配合适的预处理器分辨率并预览预处理结果，如图15-9所示。

图 15-9 分别选中相应的复选框

步骤 02 在ControlNet选项区下方，选中“NormalMap（法线贴图）”单选按钮，并分别选择normal_bae（Bae法线贴图提取）预处理器和相应的模型，如图15-10所示，该模型会根据画面中的光影信息，模拟出物体表面的凹凸细节，准确地还原画面的内容布局。

★ 温馨提示 ★

法线贴图，又被称为凹凸贴图，是一种别具一格的纹理表现方式，它具备非凡的能力，能将诸如凹凸、凹槽及细微划痕等表面细节巧妙地添加到模型之中。这种添加方式不仅丰富了模型的视觉效果，更使其能够精准捕捉光线的变化，仿佛真的由复杂的几何体构成一般。

通过应用法线贴图，能够在不改变模型基础几何结构的前提下，赋予图像更为生动和真实的质感，让每一个细节都跃然眼前，令人叹为观止。

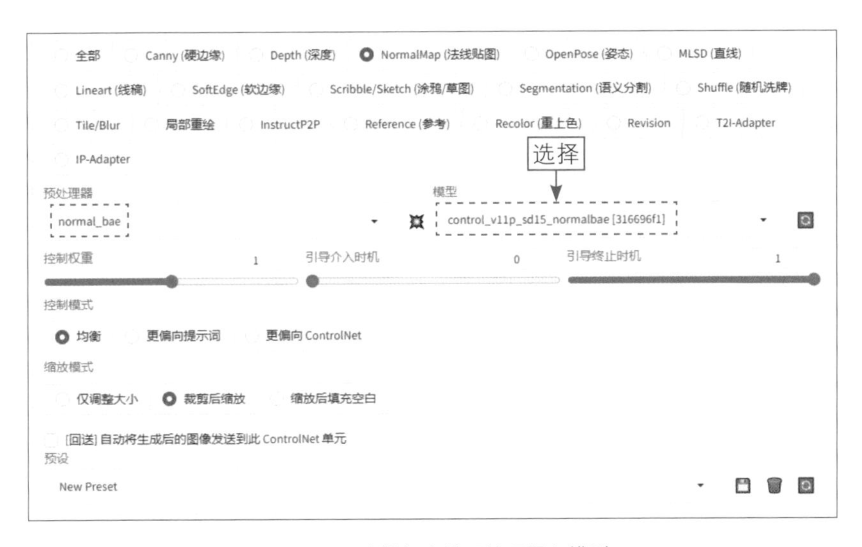

图 15-10　选择相应的预处理器和模型

步骤03 单击Run preprocessor按钮，即可根据原图的法线向量特征生成法线贴图，如图15-11所示。

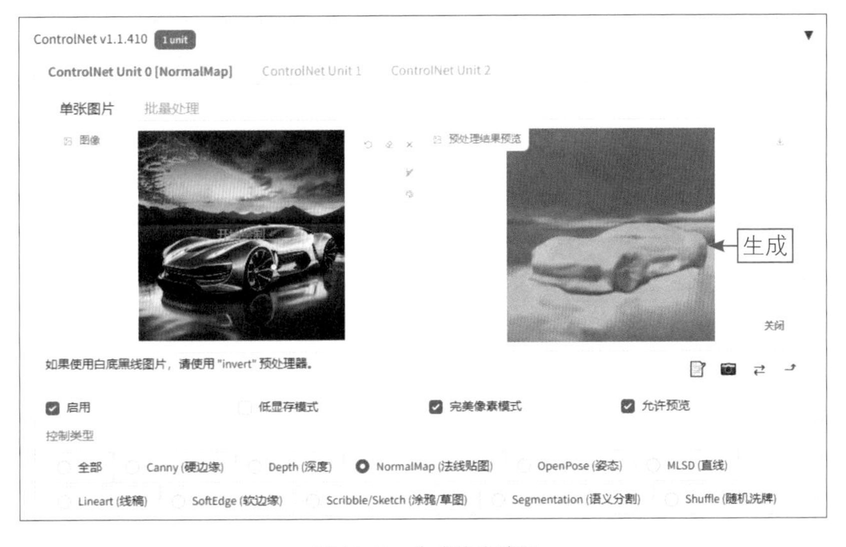

图 15-11　生成法线贴图

步骤04 对生成参数进行适当调整，设置“总批次数”为1，展开“高分辨率修复（Hires.fix）”选项区，设置“放大算法”为R-ESRGAN 4x+ Anime6B、“放大倍数”为1.5、“重绘幅度”为0.5，在放大图像的同时避免AI画出多余的元素，如图15-12所示。

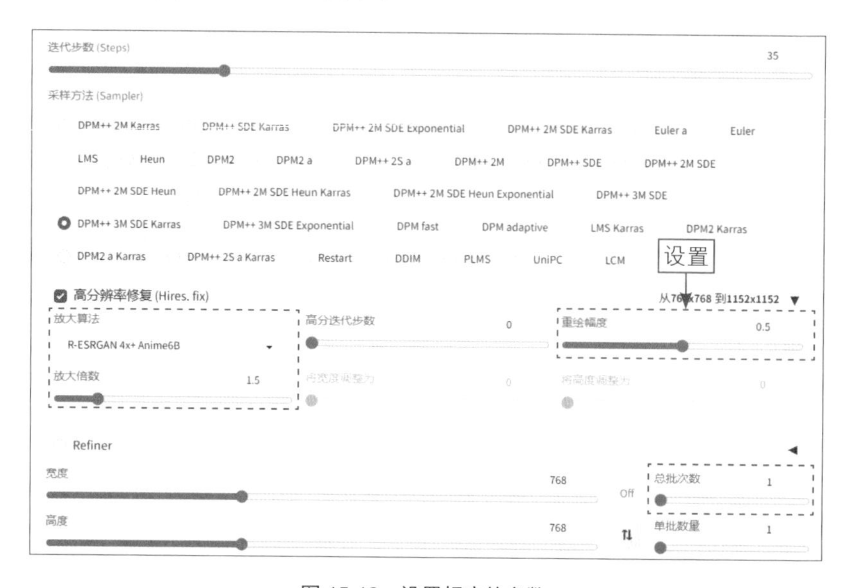

图 15-12　设置相应的参数

步骤05 单击“生成”按钮，即可生成立体感很强的新图，效果见图15-1。

第 16 章

影视特效：生成《机甲少女》画作

在影视特效中，AI绘画技术可以应用于场景渲染、角色设计、特效制作等多个环节，极大地提高了制作效率和特效质量。本章将通过一个实操案例，介绍如何运用Stable Diffusion来创造出逼真的机甲人物效果，揭示这一强大的AI技术如何为影视特效带来更大的创作自由度和视觉冲击力。

16.1 效果欣赏：《机甲少女》

本案例主要介绍《机甲少女》画作的生成技巧，通过将科技与艺术等元素融合在一起，展现出独特的视觉效果和艺术魅力。本案例的最终效果如图16-1所示。

图 16-1 效果展示

16.2 机甲特效画作的绘制技巧

本节将详细介绍如何使用Stable Diffusion制作影视特效，帮助大家快速创作出独具特色的《机甲少女》影视角色形象。

16.2.1　使用写实大模型绘制主体图像

扫码看教学视频

下面通过输入提示词，使用写实类的大模型来生成主体图像，具体操作方法如下。

步骤 01 进入“文生图”页面，选择一个写实类的大模型，输入相应的提示词，指定生成图像的画面内容，如图16-2所示。

图 16-2　输入相应的提示词

步骤 02 设置“采样方法（Sampler）”为DPM++ 2M Karras、“宽度”为512、“高度”为768、“总批次数”为2，提升画面的生成质量，并指定画面尺寸，如图16-3所示。

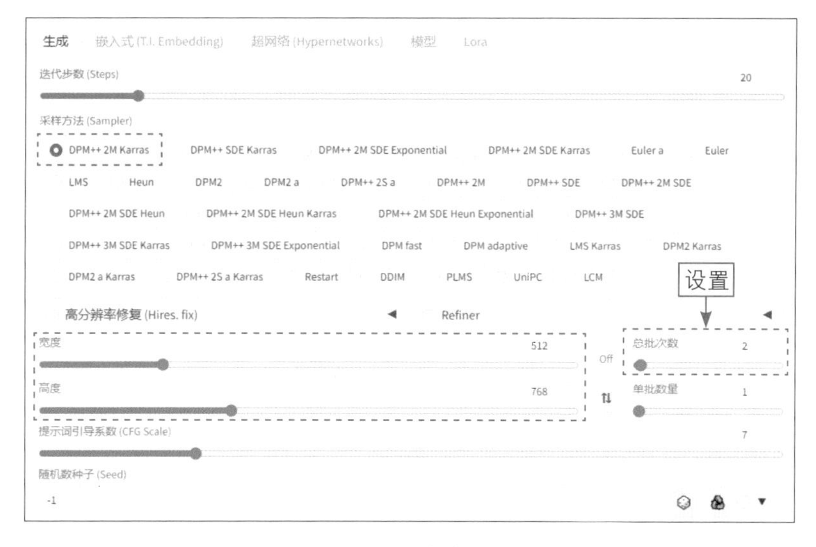

图 16-3　设置相应的参数

步骤 03 单击“生成”按钮，生成相应的图像，但画面中的机甲特征太多而且比较单一，同时人物的特征也不够明显，效果如图16-4所示。

图 16-4　生成相应的图像效果

16.2.2　使用LoRA模型改变机甲风格

扫码看教学视频

接下来在提示词中添加一个机甲风格的LoRA模型，主要用于增加机甲人物的细节，增强人物的真实感，具体操作方法如下。

步骤 01 切换至LoRA选项卡，选择相应的LoRA模型，如图16-5所示，使用该LoRA模型可以画出具有科技感、未来感的机甲人物效果。

图 16-5　选择相应的 LoRA 模型

步骤 02 执行操作后，将LoRA模型添加到提示词输入框中，并设置其权重值为0.7，适当降低LoRA模型对AI的影响，如图16-6所示。

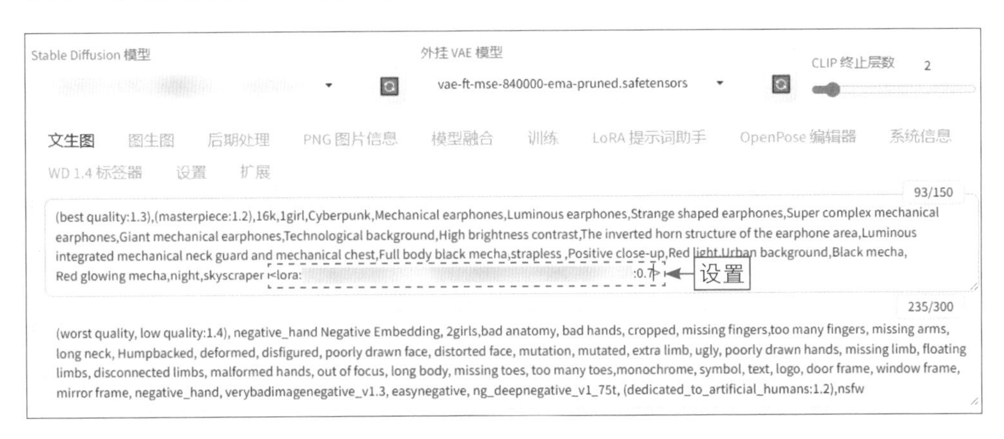

图 16-6　添加 LoRA 模型并设置其权重值

步骤 03 单击“生成”按钮，即可生成两张图片，画面中的机甲元素会更加丰富，同时人物的特征也更加明显，效果如图16-7所示。

图 16-7　生成两张图片

16.2.3 使用LoRA模型改变画面色调

扫码看教学视频

接下来添加另一个赛博朋克风格的LoRA模型，进一步调整画面的色彩与氛围。赛博朋克风格是一种独特而富有创意的视觉表现方式，能够营造出一种充满未来感和科技感的氛围。下面介绍使用LoRA模型改变画面色调的操作方法。

步骤 01 切换至Lora选项卡，选择相应的LoRA模型，如图16-8所示，使用该LoRA模型可以画出赛博朋克风格的机甲人物效果。

图 16-8 选择相应的 LoRA 模型

步骤 02 执行操作后，将LoRA模型添加到提示词输入框中，并设置其权重值为0.6，适当降低LoRA模型对AI的影响，如图16-9所示。

图 16-9 添加 LoRA 模型并设置其权重值

★ 温馨提示 ★

可以把LoRA模型当作一种小型化的Stable Diffusion模型，通过对Checkpoint模型的交叉注意力层进行细微的调整，使其体积大大缩小，仅为Checkpoint模型的1/100至1/10。同时，由于LoRA模型的文件大小一般在2～500MB，使得它在实际应用中具有更高的便携性和灵活性。

LoRA模型通常由3部分组成：lora_down.weight、lora_up.weight和alpha。

❶ lora_down.weight：这是LoRA模型的下行权重。在LoRA模型中，下行权重用于将输入数据从高分辨率空间映射到低分辨率空间，这通常涉及卷积操作，以减少特征的数量和计算复杂度。

❷ lora_up.weight：这是LoRA模型的上行权重。上行权重用于将低分辨率空间的数据映射回高分辨率空间，这通常涉及反卷积或上采样操作，以恢复特征的空间细节。

❸ alpha：这是更新权重时的缩放系数。在LoRA模型的训练过程中，权重更新是通过梯度下降算法来实现的。缩放系数alpha用于控制权重更新的步长，以防止在模型训练过程中出现过大或过小的更新。

这3个部分共同构成了LoRA模型，并在训练过程中通过优化算法不断更新权重，以实现模型性能的提升。

步骤 03 展开“高分辨率修复（Hires.fix）”选项区，设置“重绘幅度”为0.5，放大图像的同时避免AI画出多余的元素，并设置“迭代步数（Steps）”为35，提升画面精细度，如图16-10所示。

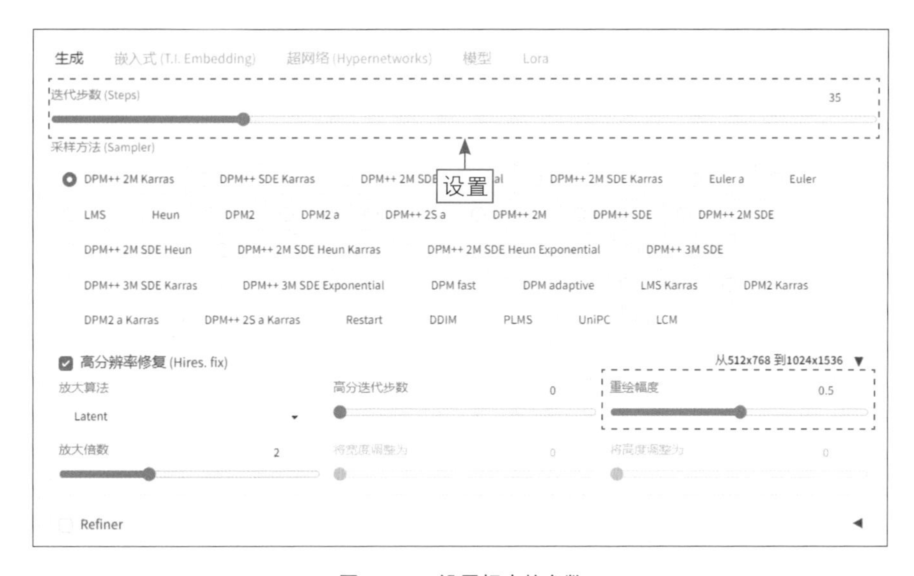

图 16-10　设置相应的参数

步骤04 展开ADetailer选项区，选中“启用After Detailer”复选框，启用该插件，设置“After Detailer模型”为face_yolov8n.pt，该模型可以用于修复人脸，如图16-11所示。

图 16-11 设置“After Detailer 模型”参数

步骤05 设置“总批次数”为1，单击“生成”按钮，生成相应的图像，整个画面将充满赛博朋克的氛围感，让人仿佛置身于一个充满科技与幻想的未来世界之中，效果见图16-1。

第 17 章 美食广告：生成《精致甜点》画作

在AI绘画技术的迅猛发展下，广告行业正迎来一场前所未有的深刻变革。AI绘画技术不仅极大地提升了广告创作的效率，更在创意表现上带来了全新的可能。如今，通过使用Stable Diffusion这样的AI绘画技术，设计师可以轻松地生成令人眼前一亮的美食广告。

17.1 效果欣赏：《精致甜点》

AI在广告行业的广泛应用，不仅改变了广告的创作方式，更在深层次上推动了广告行业的创新发展。未来，随着AI绘画技术的不断进步和完善，相信广告行业将迎来更加广阔的发展前景和更加丰富的创意表达。本案例主要使用Stable Diffusion生成一个甜点广告，不仅展示了甜点的美味和诱人之处，更通过独特的视觉风格和创意表达，传达了品牌的理念和价值观。本案例最终效果如图17-1所示。

图 17-1 效果展示

★ 温馨提示 ★

再次提醒大家注意，大部分AI绘画模型生成的文字都是乱码，用户可以在后期使用Photoshop等工具，在原本乱码的位置上添加合适的广告文字，以达到最佳的视觉效果。

17.2　美食广告画作的绘制技巧

本节将详细介绍如何使用Stable Diffusion制作美食广告，不仅可以极大地提升广告创作的效率，让广告制作更加迅速与便捷，而且还赋予了广告创意更为丰富多样的表现形式。

17.2.1　使用特定大模型绘制美食主体图像

扫码看教学视频

下面通过输入详细的提示词，然后使用特定的2.5D动画大模型来生成美食主体图像，具体操作方法如下。

步骤01 进入“文生图”页面，选择一个2.5D动画类的大模型，输入相应的提示词，指定生成图像的画面内容，如图17-2所示。

图 17-2　输入相应的提示词

步骤02 设置“迭代步数（Steps）”为35、“采样方法（Sampler）”为DPM++ 2M Karras、“总批次数”为2，提升画面的生成质量，如图17-3所示。

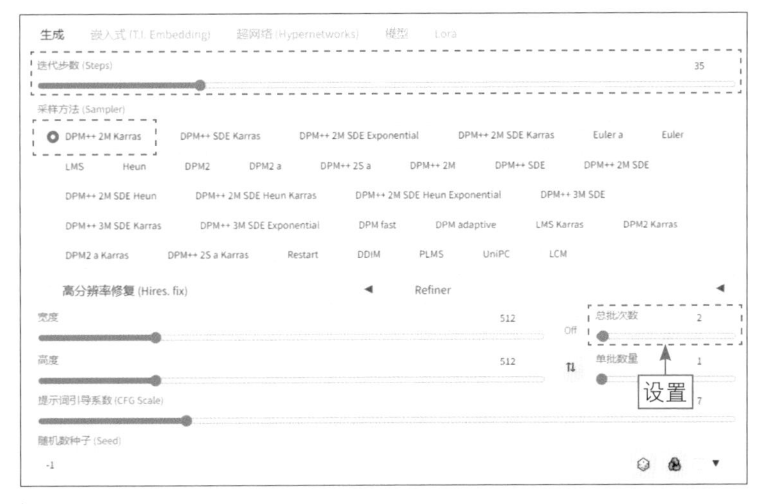

图 17-3　设置相应的参数

步骤03 单击“生成”按钮，生成相应的图像，但由于画幅的限制，美食的主体在画面中未能得到充分的展示和凸显，效果如图17-4所示。

图 17-4　生成相应的图像

17.2.2　使用Aspect Ratio Helper调整横纵比

扫码看教学视频

使用Aspect Ratio Helper插件可以调整AI生成图像的横纵比，比如3：2、16：9等，该插件会自动将数值调整为对应的宽高比。当用户锁定宽高比后，调整其中一项数值的时候，另一项也会跟随变化，非常方便，可以直接生成相应尺寸的图像。下面介绍使用Aspect Ratio Helper调整横纵比的操作方法。

步骤01 设置“宽度”为768，单击右侧的Off（关）按钮，在弹出的下拉列表框中选择3：2选项，系统会自动调整“高度”参数，使图像尺寸比例变为3：2，如图17-5所示。

图 17-5　选择 3 ：2 选项

步骤 02 单击Switch width/height（切换宽度/高度）按钮 ⇅，即可切换宽度和高度参数值，如图17-6所示。

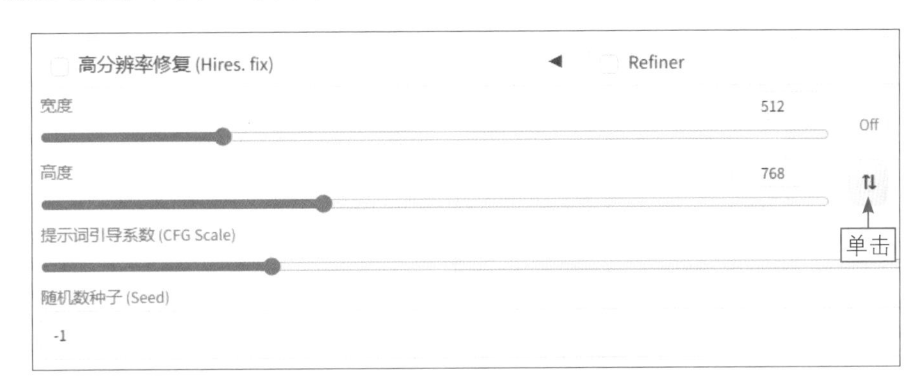

图 17-6 切换宽度和高度参数值

步骤 03 单击"生成"按钮，即可生成纵横比固定为3：2的竖幅图像，这种画面比例能够更完美地展现美食主体的全貌，让其在画面中占据更加突出的位置，效果如图17-7所示。

图 17-7 生成纵横比固定为 3 ：2 的竖幅图像效果

17.2.3 使用LoRA模型增强美食广告效果

接下来在提示词中添加一个美食广告风格的LoRA模型，主要用于模拟出美食广告中那种令人垂涎欲滴、心动的视觉效果，具体操作方法如下。

步骤 01 切换至Lora选项卡，选择一个美食广告风格的LoRA模型，如图17-8所示，该LoRA模型能够让美食主体的细节和特色得到充分展现。

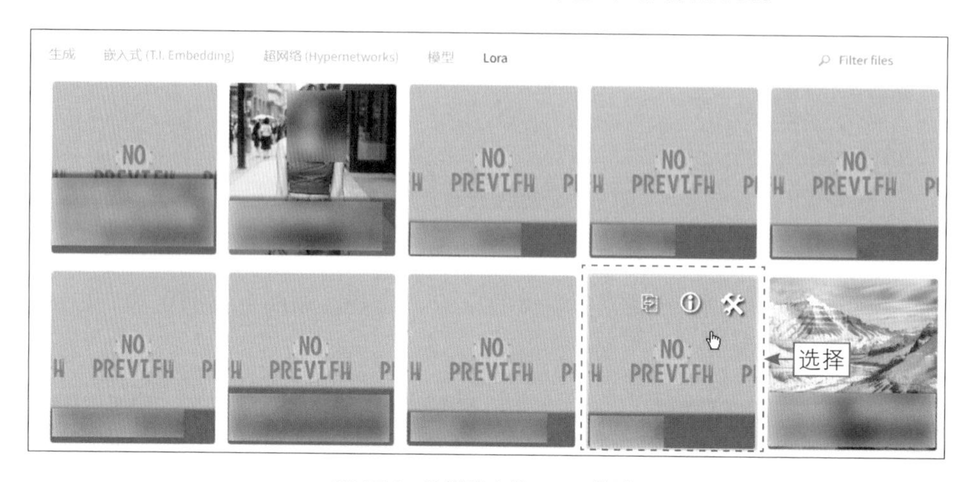

图 17-8　选择相应的 LoRA 模型

步骤 02 执行操作后，将LoRA模型添加到提示词输入框中，设置其权重值为0.8，适当降低LoRA模型对AI绘画的影响，如图17-9所示。

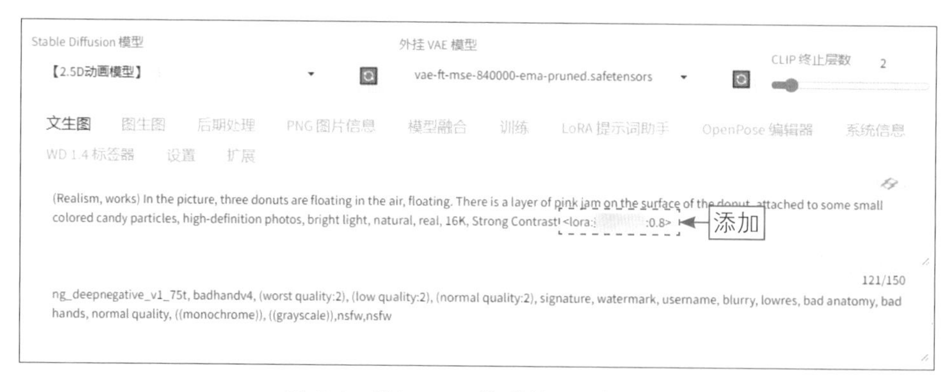

图 17-9　添加 LoRA 模型并设置其权重值

步骤 03 设置“总批次数”为1，展开“高分辨率修复（Hires.fix）”选项区，设置“放大算法”为R-ESRGAN 4x+ Anime6B，提升图像的分辨率和清晰度，如图17-10所示。

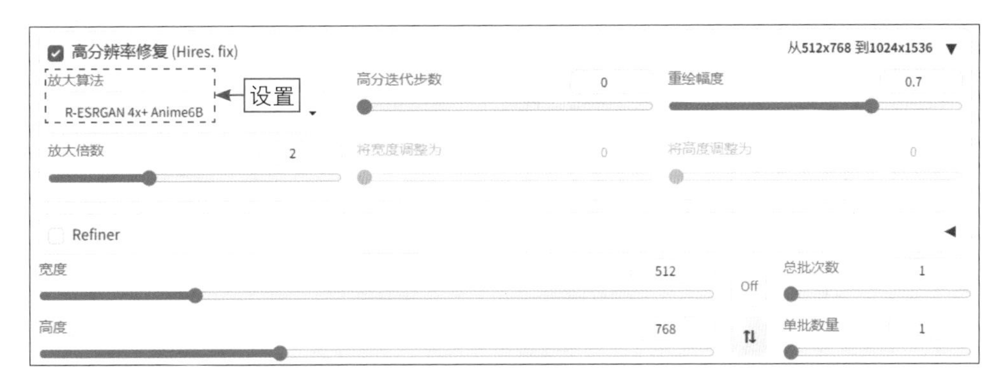

图 17-10　设置相应的参数

步骤 04 单击“生成”按钮，即可生成更专业、更具吸引力的美食广告图像，效果见图17-1。

第 18 章

扁平抽象：生成《卡通商插》画作

扁平抽象是一种具有明显几何特征、概括性高且省略了很多细节和立体特征的插画风格，它呈现出平面或抽象的特点，风格多变，可以可爱、稚气，也可以夸张、精致。扁平抽象插画风格近年来非常流行，主要应用于多媒体展示（如电商）、时尚类杂志和部分童书中。本章主要介绍扁平抽象风格的卡通商业插画的绘制技巧。

18.1　效果欣赏：《卡通商插》

扁平抽象风格的AI画作强调将复杂的图形简化成几何形状，去除多余的阴影和渐变，使画面呈现出清晰、整洁的效果。同时，抽象元素的应用也让这种风格充满了创意和想象力。本案例最终效果如图18-1所示。

图 18-1　效果展示

★ 温馨提示 ★

商插，即商业插画，是指为商业用途而创建的插图。商插通常应用于广告、杂志、书籍、包装等印刷品和数字媒体上，主要目的是为产品或服务进行形象宣传和推销，同时也可以用于解释型的图示说明，帮助受众更好地理解复杂的概念。

18.2 扁平抽象画作的绘制技巧

本节主要介绍扁平抽象风格的《卡通商插》画作绘制技巧，让用户能够在实践中灵活运用这种风格来创作出具有独特魅力和创意的商业插画作品。

18.2.1 通过LoRA模型模拟扁平抽象风格

扫码看教学视频

利用LoRA模型模拟扁平抽象风格，可以快速地将插画转换为所需的风格，使画面呈现出和谐、统一的效果，具体操作方法如下。

步骤 01 进入“文生图”页面，选择一个2.5D动画类的大模型，输入相应的提示词，指定生成图像的画面内容，如图18-2所示。

图 18-2　输入相应的提示词

步骤 02 切换至Lora选项卡，选择一个扁平抽象风格的LoRA模型，如图18-3所示。

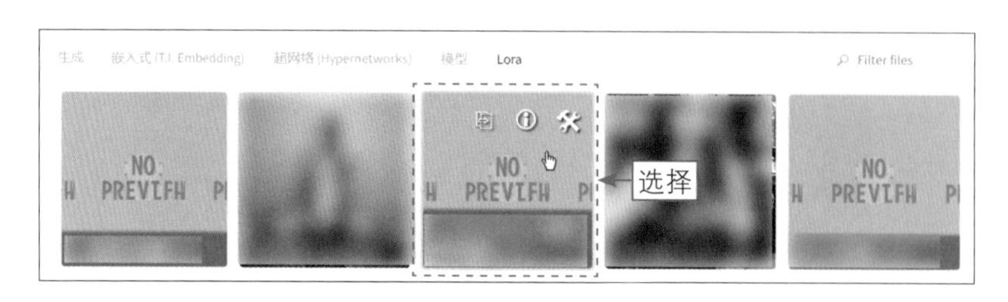

图 18-3　选择相应的 LoRA 模型

步骤 03 执行操作后，即可将该LoRA模型添加到提示词输入框中，并设置其权重值为0.8，适当降低LoRA模型对AI绘画的影响，如图18-4所示。

步骤 04 设置“迭代步数（Steps）”为35、“采样方法（Sampler）”为DPM++ 2M Karras、“宽度”为512、“高度”为768、“总批次数”为2，提升画面的生成质量，并将图像调整为竖图，如图18-5所示。

图 18-4 添加 LoRA 模型并设置其权重值

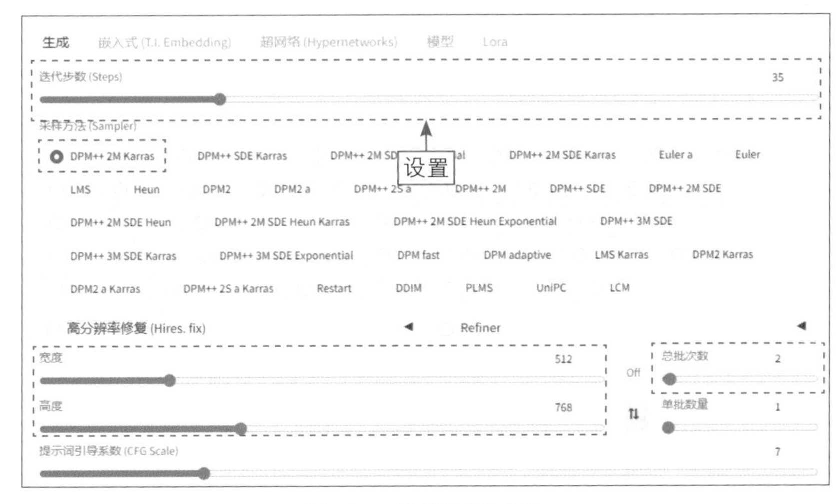

图 18-5 设置相应的参数

步骤 05 单击“生成”按钮，即可生成相应的图像，效果如图18-6所示。

图 18-6 生成相应的图像

18.2.2 设置随机数种子复制和调整图像

扫码看教学视频

在Stable Diffusion中，随机数种子可以理解为每个图像的唯一编码，能够帮助用户复制和调整生成的图像效果。当用户在绘图时，若发现中意的图像，此时就可以复制并锁定图像的随机数种子，让后面生成的图像更加符合自己的需求。下面介绍设置随机数种子参数的操作方法。

步骤 01 在“生成”选项卡中，“随机数种子（Seed）”值默认为-1，表示随机生成图像效果，设置“总批次数”为1，如图18-7所示。

图 18-7　设置相应的参数

步骤 02 单击“生成”按钮，每次生成图像时都会随机生成一个新的种子，从而得到不同的结果，效果如图18-8所示。

图 18-8　“随机数种子（Seed）”为 -1 时生成的图像效果

★ 温馨提示 ★

在Stable Diffusion中，随机数种子是通过一个64位的整数来表示的。如果将这个整数作为输入值，AI模型会生成一个对应的图像。如果多次使用相同的随机数种子，则AI模型会生成相同的图像。

当将“随机数种子（Seed）值”设置为-1时，将随机生成图像。如果复制图像的Seed值，并将其填入“随机数种子”文本框，则后续生成的图像将基本保持不变。

步骤 03 在下方的图片信息中找到并复制Seed值，将其填入“随机数种子（Seed）”文本框内，如图18-9所示。单击“生成”按钮，则后续生成的图像将保持不变，每次得到的结果都会相同。

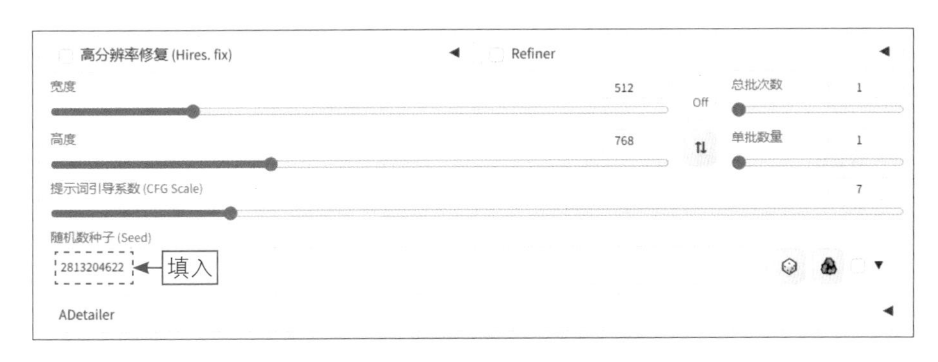

图 18-9　填入“随机数种子（Seed）”值

步骤 04 选中“随机数种子（Seed）”右侧的复选框，展开该选项区，可以看到“变异随机种子”值默认为-1，保持该参数值不变，将“变异强度”值设置为0.2，用于改变随机数种子与变异随机种子之间的平衡，如图18-10所示。

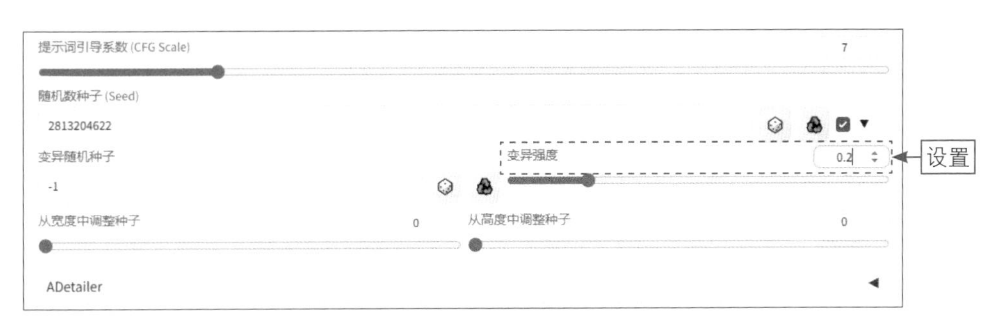

图 18-10　设置较小的“变异强度”参数值

步骤 05 单击“生成”按钮，则后续生成的新图与原图比较接近，只有细微的差别，效果如图18-11所示。

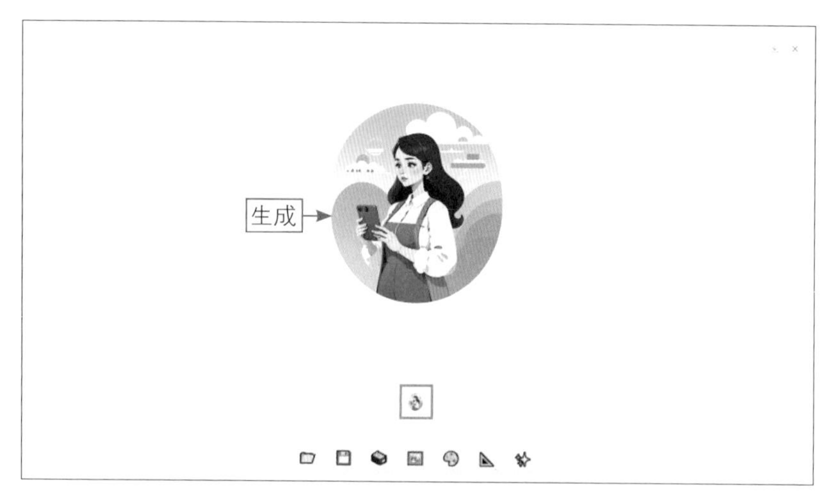

图 18-11 生成的新图与原图比较接近

步骤 06 将“变异强度”值设置为0.8，其他生成参数保持不变，可以让图像产生更大的变化，如图18-12所示。

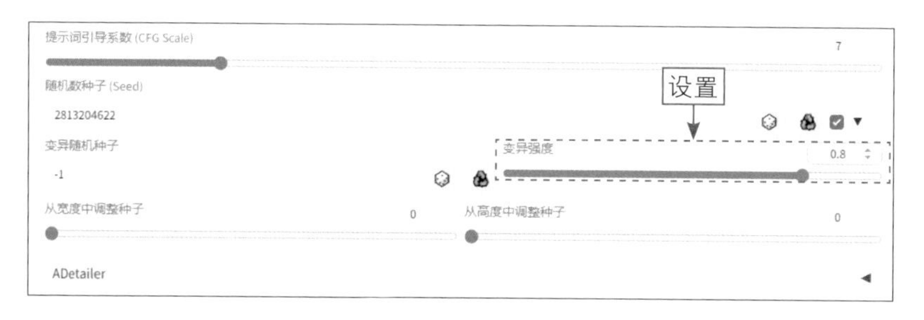

图 18-12 设置较大的“变异强度”参数值

★ 温馨提示 ★

随机数种子的尺寸设置通常很少用到，它的概念是“尝试生成图像，与同一随机数种子在指定分辨率下生成的图像相似”。

例如，首先使用512×512的分辨率生成一张人物全身图片（将其称为图1），人物的脸部可能会变形，俗称“脸崩”，这是因为在该分辨率下图片无法承受太多的人物细节。此时，可以再生成一张分辨率为512×1024的人物图片（将其称为图2），并在图像信息中复制其Seed值。

接下来锁定图1的Seed值，并将图2的Seed值填入“变异随机种子”文本框，设置“变异强度”值为0.5、“从宽度中调整种子”值为512、“从高度中调整种子”值为1024，单击“生成”按钮，生成相应的人物图片，此时人物的脸部和手部的变形程度稍微降低了。

对于使用低显存显卡的用户，这是个比较实用的功能，可以用512×512的分辨率，高效率地生成高度为1024的人物全身图片。

步骤 07 单击“生成”按钮，则后续生成的新图与原图差异更大，效果如图18-13所示。

图 18-13　生成的新图与原图差异更大

★ 温馨提示 ★

除了随机数种子，在Stable Diffusion中用户还可以使用变异随机种子（different random seed，diff seed）来控制出图效果。变异随机种子是指在生成图像的过程中，每次的扩散都会使用不同的随机数种子，从而产生与原图不同的图像，可以将其理解为在原来的图片上进行叠加变化。

当diff seed为0时，表示完全按照随机种子值生成新图像，也就是完全复制输入的原图像，即新图与原图完全相同。在这种情况下，无论输入什么样的图像，只要随机数种子相同，生成的图像结果就相同。

当diff seed为1时，表示完全按照变异随机种子值生成新图像，也就是与输入的原图像有很大的差异，即新图与原图完全不相同。在这种情况下，每次输入相同的图像，都会得到不同的结果，因为每次都会生成新的变异随机种子。

18.2.3　修复人物并放大生成的图像

扫码看教学视频

下面使用ADetailer对人物的脸部和手部进行修复，同时利用“高分辨率修复”功能放大生成的图像，具体操作方法如下。

步骤01 展开ADetailer选项区，选中“启用After Detailer”复选框，启用该插件，设置“After Detailer模型”为face_yolov8n.pt，该模型可以用于修复人脸，如图18-14所示。

图 18-14 设置修脸模型

步骤02 切换至“单元2”选项卡，设置“After Detailer模型”为hand_yolov8n.pt，该模型可以用于修复人物手部，如图18-15所示。

图 18-15 设置修手模型

步骤03 展开“高分辨率修复（Hires.fix）”选项区，设置“放大算法”为R-ESRGAN 4x+ Anime6B，让生成的人物图像更加清晰，如图18-16所示。

步骤04 取消选中“随机数种子（Seed）”右侧的复选框，单击♻按钮将“随机数种子（Seed）”值重置为-1，使AI能够随机生成图像，如图18-17所示。

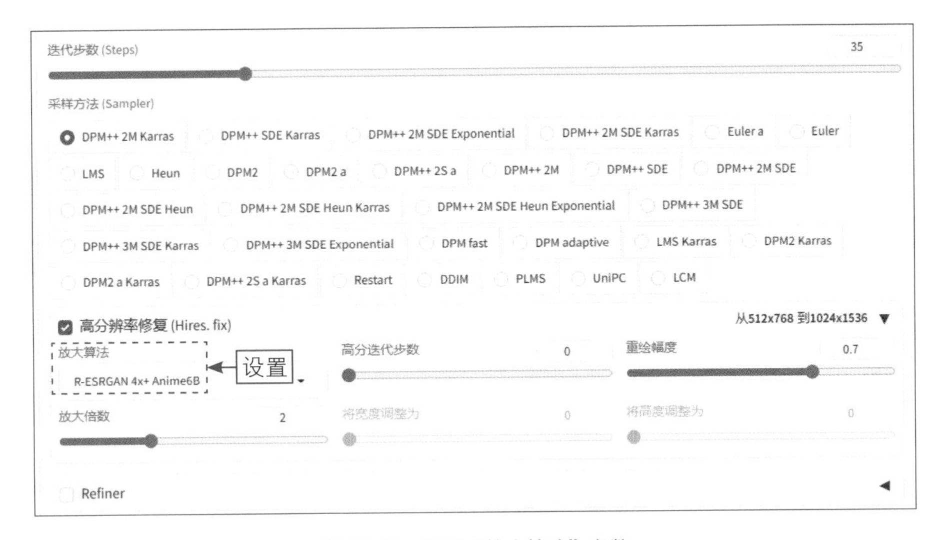

图 18-16　设置“放大算法”参数

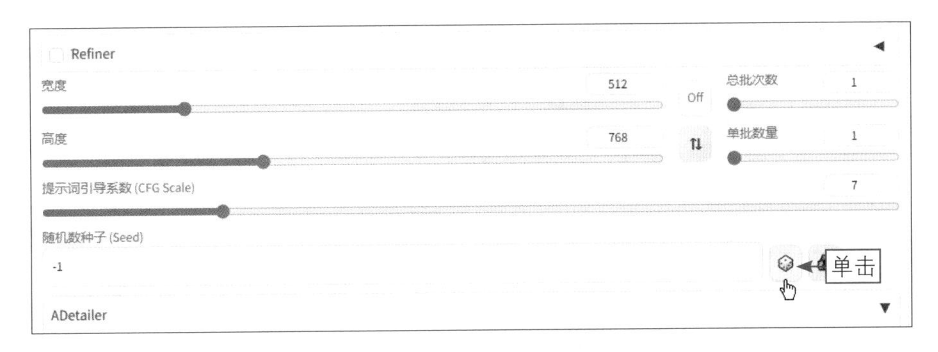

图 18-17　设置“随机数种子（Seed）”参数

步骤 05 单击“生成”按钮，即可生成相应的图像，画面中复杂的线条和细节被简化为简洁的几何形状，色彩变得更加鲜明且对比强烈，效果见图18-1。

第 19 章

植物油画：生成《粉色樱花》画作

在浩渺的自然界中，植物以其千姿百态、生机盎然的形态，诠释着生命的韵律与自然的魅力。AI植物油画创作，便是以AI绘画技术为媒介，深入探索并描绘植物的奇妙世界的。在植物油画创作过程中，AI能够模拟出传统油画的笔触和色彩效果，甚至能够创造出超越人类想象的全新艺术风格。

19.1　效果欣赏：《粉色樱花》

本案例主要使用Stable Diffusion生成《粉色樱花》油画作品，通过调整提示词、生成参数和模型，引导AI生成具有独特艺术风格的樱花图像。粉嫩的花瓣、细腻的纹理、光影的变幻，都可以在AI的“笔”下得以完美呈现。同时，AI还可以结合传统油画的表现手法，通过色彩的运用和笔触的处理，使得《粉色樱花》作品更加具有层次感和立体感。本案例最终效果如图19-1所示。

图 19-1　效果展示

19.2　植物油画作品的绘制技巧

本节将介绍如何使用Stable Diffusion生成植物油画作品，用户可以调整生成图像的风格和质感，使其更符合油画的特征。

19.2.1 使用DeepBooru反推图像提示词

DeepBooru神经网络模型用于根据给定的图像反推出可能的提示词，这是基于模型在大量图像和对应提示词数据上的训练，使其能够识别图像中的特征和风格，并尝试将其转化为相应的文本描述。当使用DeepBooru反推提示词时，它更擅长用单个关键词堆砌的方式，反推的提示词相对来说会更完整一些，但出图效果有待优化。下面介绍使用DeepBooru反推图像提示词的操作方法。

步骤 01 进入“图生图”页面，在“图生图”选项卡中上传一张原图，如图19-2所示。

步骤 02 在“生成”按钮下方，单击“DeepBooru反推”按钮，如图19-3所示。

图 19-2　上传一张原图

图 19-3　单击“DeepBooru 反推”按钮

步骤 03 执行操作后，即可反推出原图的提示词，可以看到风格跟我们平时用的提示词相似，都是使用多组关键词的形式进行展示的，如图19-4所示。

图 19-4　使用 DeepBooru 反推出的提示词

步骤 04 将反推的提示词复制到“文生图”页面的提示词输入框中，并输入相应的反向提示词，避免生成低画质的图像，如图19-5所示。

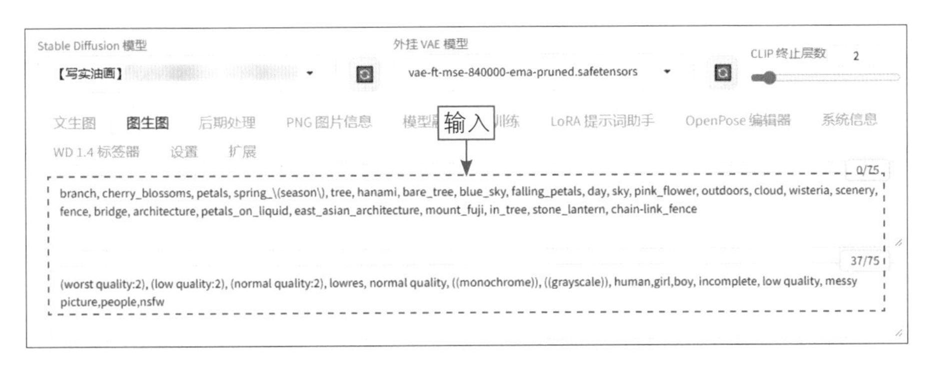

图 19-5　输入相应的提示词

步骤 05 选择一个油画风格的大模型，在页面下方设置“迭代步数（Steps）”为36、“采样方法（Sampler）”为DPM++ 2M Karras、“总批次数”为2，提升画面的生成质量，如图19-6所示。

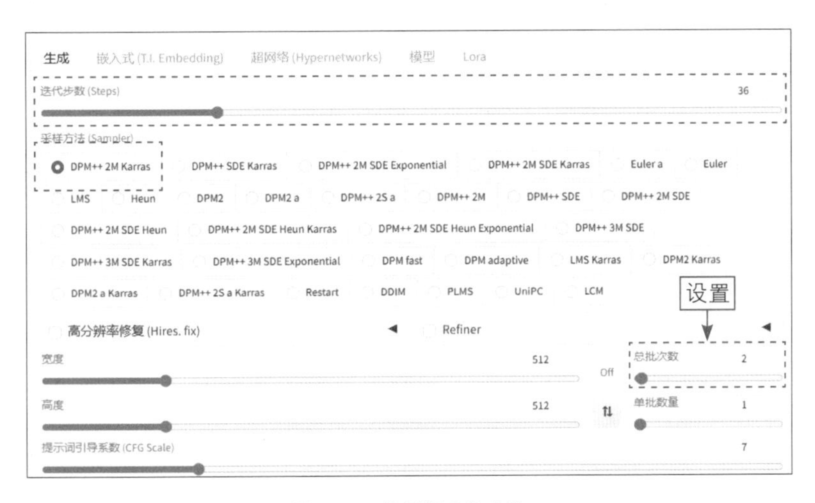

图 19-6　设置相应的参数

步骤 06 单击“生成”按钮，根据提示词生成相应的图像，可以看到虽然画出了主体元素，但油画风格的特征不太明显，效果如图19-7所示。

★ 温馨提示 ★

需要注意的是，由于AI技术的限制和模型的训练数据差异，DeepBooru反推出的提示词可能并不完全准确或符合用户的期望。因此，在使用DeepBooru反推出的提示词时，用户可能需要根据自己的判断和经验进行适当的调整和优化。

图 19-7　生成相应的图像效果

19.2.2　使用WD 1.4标签器反推图像提示词

WD 1.4标签器（Tagger）采用的是一种基于标签判别的方法，用于从原图中推断出可能的提示词，这种方法的核心思想是通过分析原图的特征，将其与预定义的标签集合进行匹配，从而推断出最符合原图特征的提示词。接下来尝试使用WD 1.4标签器反推图像提示词，它的精准度比DeepBooru更高，具体操作方法如下。

扫码看教学视频

步骤 01 进入“WD 1.4标签器”页面，上传一张与上一节相同的原图，Tagger会自动反推图像提示词，并显示在右侧的“标签”文本框中，Tagger同时还会对提示词进行分析。之后单击“发送到文生图”按钮，如图19-8所示。

图 19-8　单击“发送到文生图”按钮

步骤02 执行操作后，进入“文生图”页面，会自动填入反推出来的提示词，然后输入与上一节相同的反向提示词，如图19-9所示。

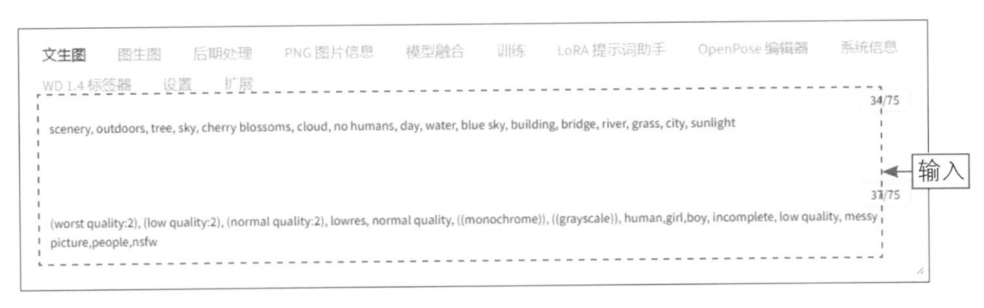

图 19-9 输入相应的提示词

步骤03 保持大模型和生成参数不变，单击“生成”按钮，即可生成相应的图像，可以看到画面元素的还原度较高，但油画风格的特征还是不够明显，效果如图19-10所示。

图 19-10 生成相应的图像效果

19.2.3 通过LoRA模型加强油画的风格特征

下面利用LoRA模型加强油画的风格特征，快速地将图像转换为所需的风格，使画面呈现出和谐、统一的效果，具体操作方法如下。

扫码看教学视频

步骤01 在“文生图”页面中，对正向提示词的内容进行适当修改，指定生成图像的画面内容，如图19-11所示。

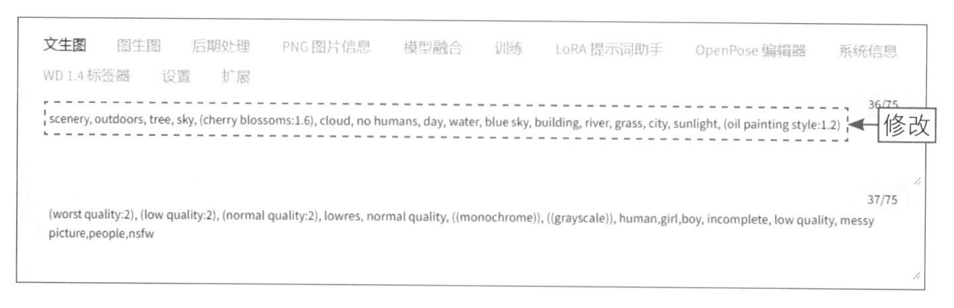

图 19-11　修改正向提示词

步骤 02 切换至LoRA选项卡，选择一个油画风格的LoRA模型，如图19-12所示。

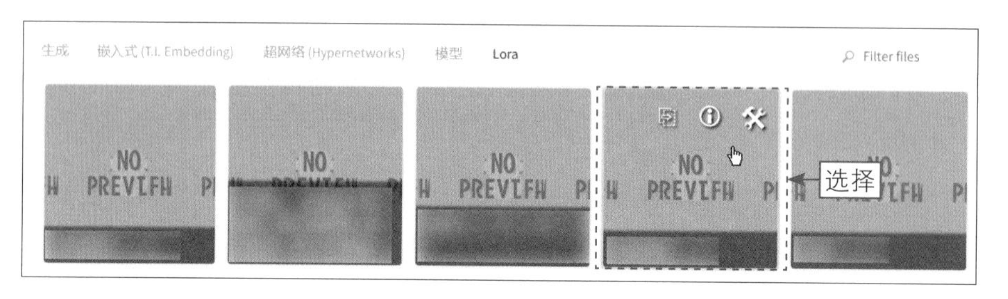

图 19-12　选择相应的 LoRA 模型

步骤 03 执行操作后，即可将该LoRA模型添加到提示词输入框中，并设置其权重值为0.5，适当降低LoRA模型对AI绘画的影响，如图19-13所示。

图 19-13　添加 LoRA 模型并设置其权重值

步骤 04 设置“宽度”为512、“高度”为768、“总批次数”为1，将图像调整为竖图，其他生成参数保持不变，如图19-14所示。

步骤 05 展开“高分辨率修复（Hires.fix）”选项区，设置“放大算法”为R-ESRGAN 4x+、“重绘幅度”为0.32，让生成的图像更加清晰，同时画面的变化更小，如图19-15所示。

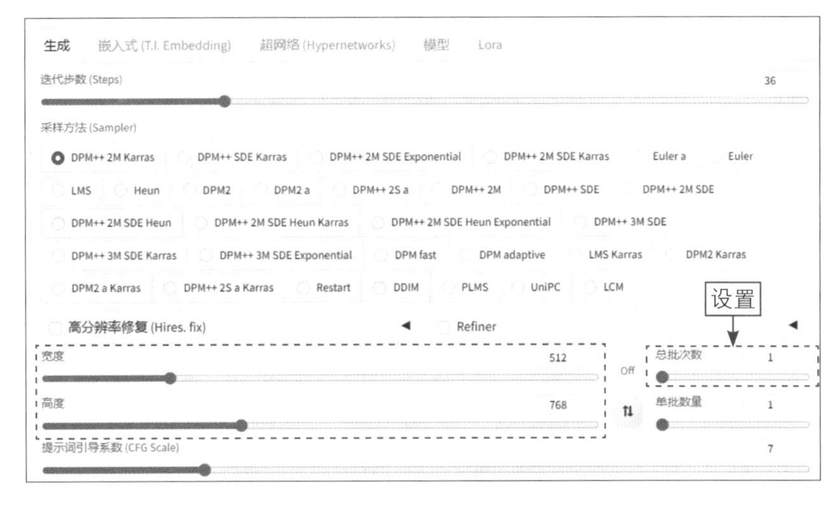

图 19-14　设置相应的生成参数

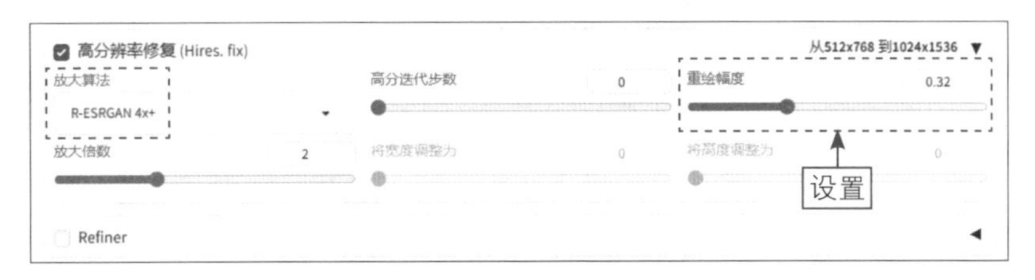

图 19-15　设置高分辨率修复参数

步骤 06 单击“生成”按钮，即可生成相应的图像，并模拟出了油画特有的鲜艳色彩和笔触质感，效果见图19-1。

第 20 章

小说插图：生成《仙侠人设》画作

在这个科技与艺术交融的时代，利用AI生成小说插图成为一种全新的创作形式。想象一下，当读者沉浸在小说情节的跌宕起伏中时，突然，一幅幅栩栩如生的插图跃然眼前，将故事中的场景、人物和情感完美地呈现出来，让读者能够更加直观地感受到小说的情感氛围和故事张力。

20.1　效果欣赏：《仙侠人设》

在仙侠题材的小说中，人设是指为角色所设置的特定形象、性格、能力、背景等特征，这些特征不仅有助于读者更好地认识和理解角色，还能凸显仙侠小说的独特风格。如今，AI能够根据仙侠小说的内容自动生成人设形象，以独特的视角和细腻的笔触，将文字所描述的世界具象化，为读者带来更能让人沉浸其中的阅读体验。本案例最终效果如图20-1所示。

图 20-1　效果展示

20.2　小说插图画作的绘制技巧

利用AI生成小说插图不仅展现了科技的魅力，更彰显了艺术的无限可能，它打破了传统插图的创作界限，让插图与小说内容更加紧密地结合在一起，相互补充、相互增强。本节主要介绍使用Stable Diffusion绘制仙侠小说插图的技巧，通过AI的笔触，勾勒出一个充满奇幻色彩的仙侠人设形象。

20.2.1　使用Inpaint改变人物头发的颜色

扫码看教学视频

在ControlNet中，利用Inpaint（局部重绘）功能可以在局部区域进行重绘，比如遮罩部分，并且能够加入ControlNet的控制，使模型能够更加准确地预测重绘的细节。Inpaint相当于更换了Stable Diffusion中原生图生图功能的算法，但使用时仍然会受到重绘范围等参数的制约。

例如，在本案例中，采用较小的重绘范围，实现了不错的给人物更换发色的效果，而且原图中的人物发型得到了比较准确的重现。下面介绍使用Inpaint改变人物头发颜色的操作方法。

步骤 01 进入“文生图”页面，展开ControlNet选项区，上传一张原图，分别选中“启用”复选框、“完美像素模式”复选框、“允许预览”复选框，自动匹配合适的预处理器分辨率并预览预处理结果，如图20-2所示。

图 20-2　分别选中相应的复选框

★ 温馨提示 ★

相较于传统的图生图功能，Inpaint能够更出色地实现重绘区域与整体画面的融合，从而使整体图像看起来更加和谐、统一。此外，通过调整权重，Inpaint能够使画面遮罩以外的地方发生微小的变化，以实现更出色的整体出图效果。因此，Inpaint在图像修复、插值生成等领域展现出了广泛的应用前景。

步骤 02 在ControlNet选项区下方，选中“局部重绘”单选按钮，并分别选择inpaint_only（仅局部重绘）预处理器和相应的模型，如图20-3所示，该模型能够很好地处理进行局部重绘时接缝处的图像部分。

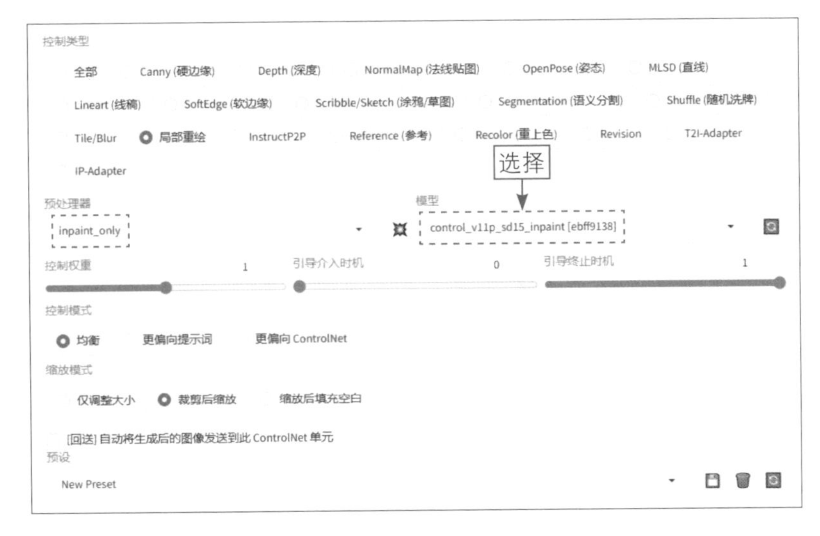

图 20-3　选择相应的预处理器和模型

★ 温馨提示 ★

Inpaint中提供了3种预处理器：inpaint_Global_Harmonious（重绘全局融合算法）、inpaint_only和inpaint_only+lama（仅局部重绘+大型蒙版）。三者的整体出图效果差异不大，但在环境融合效果上，inpaint_Global_Harmonious的处理效果最佳，inpaint_only次之，inpaint_only+lama则最差。

步骤 03 将鼠标指针移至原图上，按住【Alt】键的同时，向上滚动鼠标滚轮，即可放大图像，使用画笔涂抹需要重绘的人物头发部分，创建一个蒙版，如图20-4所示。

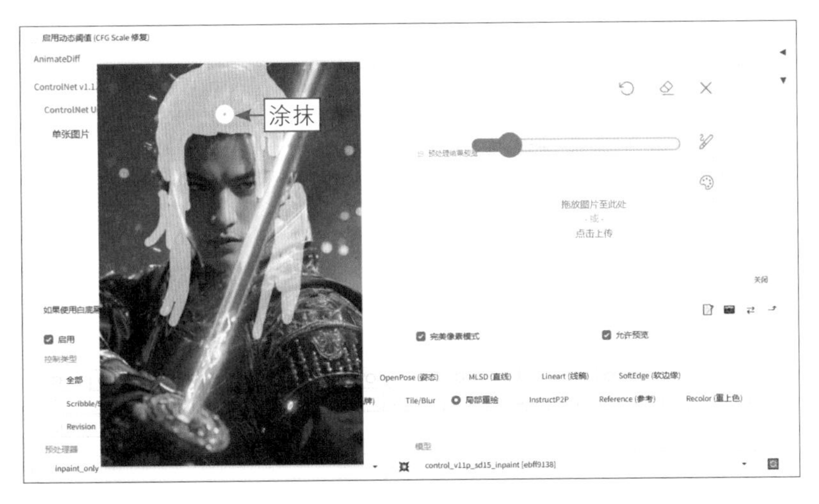

图 20-4　涂抹需要重绘的部分

20.2.2 设置相应的提示词和生成参数

下面设置相应的提示词和生成参数，对重绘区域的内容进行描述，便于引导AI画出相应的图像效果，具体操作方法如下。

步骤 01 选择一个写实类的大模型，输入相应的提示词，只需描述局部重绘的内容即可，如图20-5所示。

图 20-5　输入相应的提示词

步骤 02 在页面下方设置“迭代步数（Steps）”为28、“采样方法（Sampler）”为DPM++ 2M Karras、“宽度”为640、“高度”为960、“提示词引导系数（CFG Scale）”为10，对生成参数进行适当的调整，提升图像的生成质量，如图20-6所示。

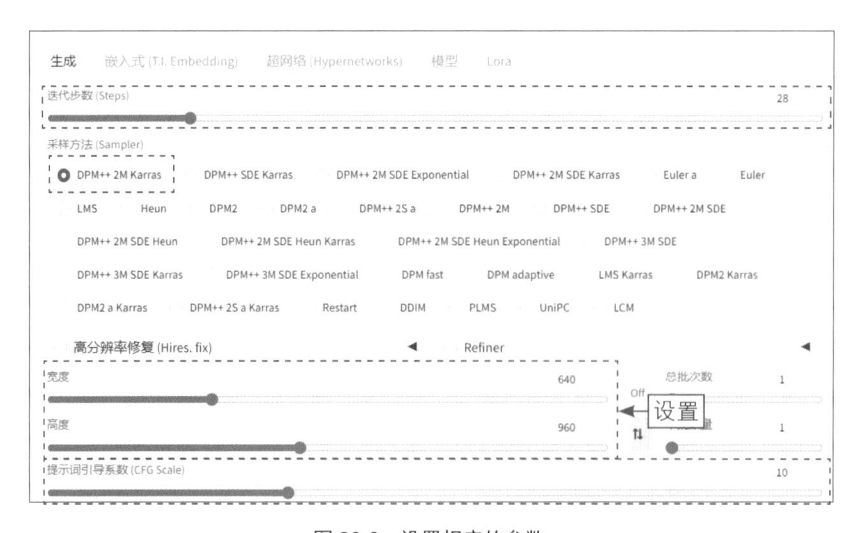

图 20-6　设置相应的参数

步骤 03 单击“生成”按钮，即可生成相应的新图，同时人物头发的颜色变成了银白色，效果见图20-1。

第 21 章

文生视频：生成《国风山水》效果

AnimateDiff作为一个功能强大的SD插件，专为文生图模型提供动画处理服务，它无须对特定模型进行烦琐的调整，即可轻松地赋予大多数现有的AI绘画模型生成视频的能力。这意味着通过SD中的AnimateDiff插件，人们能够轻松地将静态的文本图像转化为生动有趣的视频，为用户带来更加丰富多彩的视觉体验。

21.1 效果欣赏：《国风山水》

本案例运用先进的文生视频技术，将国风元素与山水画面完美融合，呈现出一种别具一格的视觉盛宴。在视频中可以看到，那峰峦叠嶂的山脉，仿佛披上了千年的历史沧桑；那碧波荡漾的水面，又似流淌着古人的诗意情怀。随着画面的流转，观众将感受到一种穿越时空的奇妙体验。仿佛置身于古代的文人墨客之中，与他们一同游历名山大川，品味山水间的无尽韵味。本案例最终效果如图21-1所示。

图 21-1 效果展示

21.2 《国风山水》视频的生成技巧

传统的文生视频（Text to Video）方法通常涉及在原始的文生图模型中引入时间建模，并在视频数据集上进行模型调整。然而，对普通用户而言，这通常意味着需要面对复杂的超参数调整、庞大的个性化视频数据集收集任务，以及计算资源的密集需求，这使得个性化Text to Video工作变得极具挑战性。

为了克服这些难题，AnimateDiff提出了一种新的思路，其核心思想是将一个全新初始化的运动建模模块附加到一个已经冻结的基于文本到图像的模型上，并通过对视频剪辑的训练来提炼出合理的运动先验知识。一旦训练完成，用户只需简单地将这个运动建模模块注入任何从同一基础模型派生的个性化版本中，这些模型便立即能够以文本为驱动，生成丰富多样且个性化的动画图像。本节将介绍使用AnimateDiff生成《国风山水》视频的方法。

21.2.1　在SD中安装AnimateDiff插件

扫码看教学视频

AnimateDiff的出现，可以让用户不再受限于传统视频制作的烦琐流程和高昂成本，只需输入一段文字，即可在短时间内生成高质量的视频内容。当然，要实现这种快捷的文生视频功能，首先要安装AnimateDiff插件。下面介绍在Stable Diffusion中安装AnimateDiff插件的操作方法。

步骤 01 访问AnimateDiff的GitHub主页，单击Code（代码）按钮，如图21-2所示。

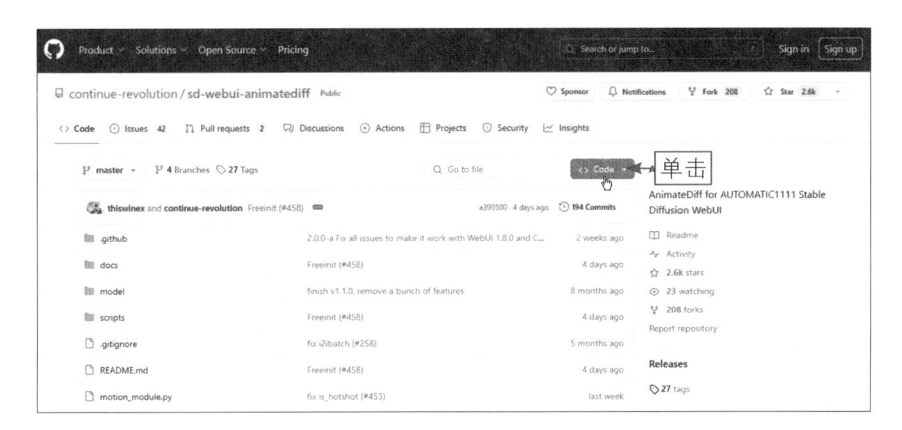

图 21-2　单击 Code 按钮

★ 温馨提示 ★

AnimateDiff的亮点在于，它巧妙地将时序模块从整个流程中拆解出来，从而在不改动原始预训练模型的基础上，提供了一个即插即用的模型解决方案，不仅降低了用户的操作门槛，还提高了模型的灵活性和可定制性。

经过实验验证，AnimateDiff所提炼的运动先验知识可以成功应用于3D动画片和2D动漫等领域。这意味着，AnimateDiff为个性化动画提供了一个简单而高效的基线，用户只需承担图像模型的成本，便能迅速获得自然流畅的个性化动画作品。

步骤 02 执行操作后，弹出Clone（克隆）面板，在HTTPS（Hypertext Transfer Protocol Secure，安全超文本传输协议）选项卡中单击插件链接右侧的Copy url to clipboard（将网址复制到剪贴板）按钮⧉，如图21-3所示。

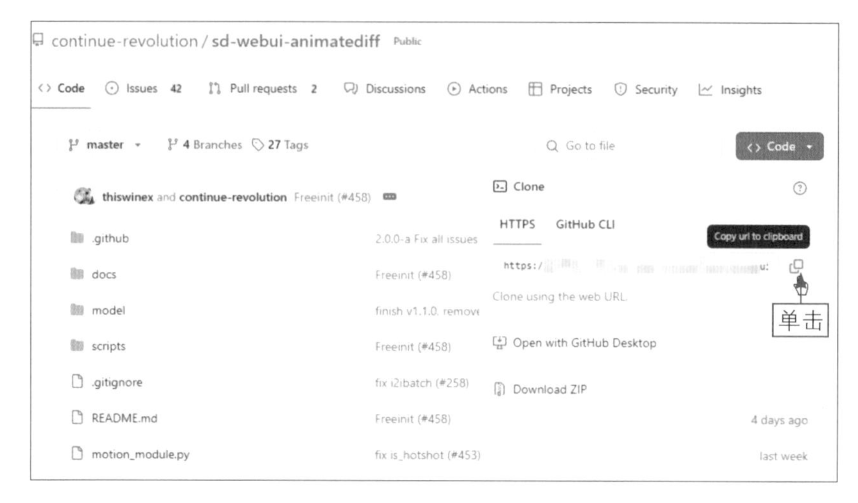

图 21-3　单击 Copy url to clipboard 按钮

步骤 03 执行操作后，在Stable Diffusion中进入“扩展”页面，切换至“从网址安装”选项卡，在“扩展的git仓库网址”下方的文本框中粘贴前面复制的网址，并单击“安装”按钮，如图21-4所示。

图 21-4　单击“安装”按钮

★ 温馨提示 ★

git仓库网址通常指的是用于访问git版本控制系统中特定仓库的网址。git是一个开源的分布式版本控制系统，用于追踪代码的变更历史。通过git仓库网址，用户可以克隆远程仓库到本地，进行代码的开发和修改，也可以将本地的代码更改推送到远程仓库，与其他用户共享和协作开发。

步骤 04 执行操作后，切换至“已安装”选项卡，单击“应用更改并重启”

按钮，如图21-5所示，即可重启WebUI，即可完成AnimateDiff插件的安装。

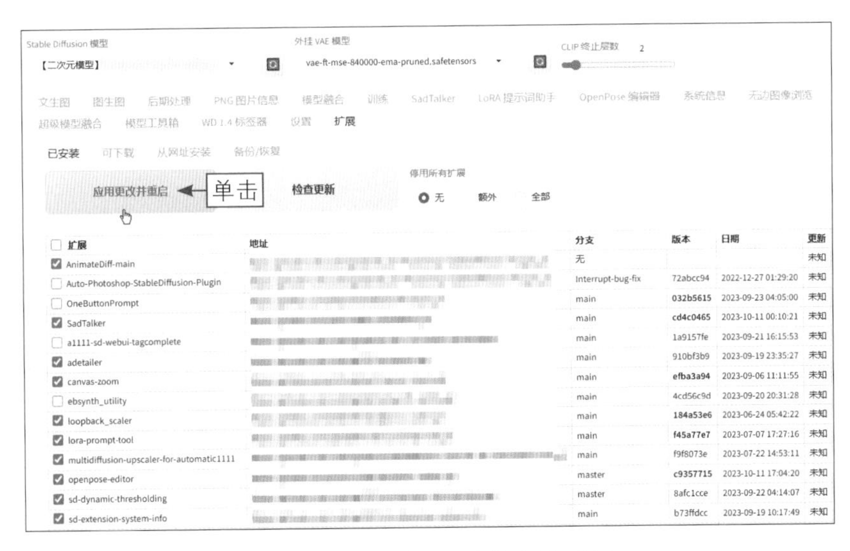

图 21-5　单击“应用更改并重启”按钮

步骤 05 进入AnimateDiff的Hugging Face模型下载页面，如图21-6所示，分别下载相应的主模型和LoRA模型。

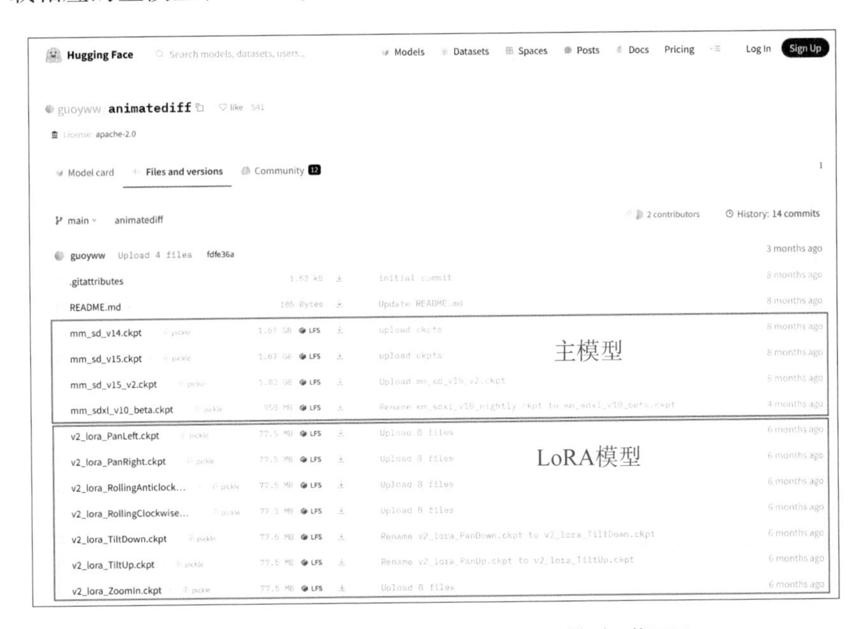

图 21-6　AnimateDiff 的 Hugging Face 的模型下载页面

★ 温馨提示 ★

注意，AnimateDiff的主模型放在SD安装目录下的sd-webui-aki-v4.4\extensions

\sd-webui-animatediff-master\model文件夹中，如图21-7所示，LoRA模型放在SD安装目录下的sd-webui-aki-v4.4\models\Lora\animatediff文件夹中。

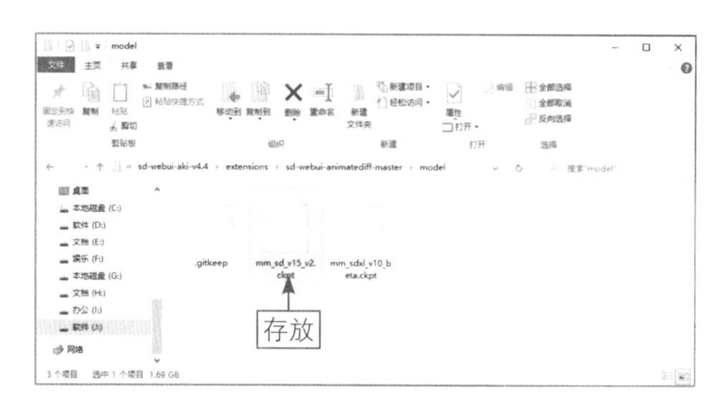

图 21-7　AnimateDiff 的主模型存放位置

通常情况下，完成上面的步骤后，AnimateDiff功能即可正常使用，无须额外操作。然而，用户在使用AnimateDiff的过程中有可能会遇到报错的问题，此时可以更新Torch和xFormers的版本，确保功能的稳定性和避免潜在的问题。

Torch是一个应用广泛的深度学习框架，它提供了一套丰富的工具和函数，使得用户能够更高效地构建和训练神经网络模型。xFormers是一个开源库，特别针对transformer（变换器）模型中的计算工作进行了优化，以提升模型的整体运行速度。

如果用户使用的是“秋葉整合包”的WebUI，那么升级过程相对简单，只需在“绘世”启动器中进入“高级设置”界面，切换至“环境维护”选项卡，在“选择版本”下拉列表框中选择相应的Torch和xFormers版本，如图21-8所示，然后单击“安装”按钮即可。

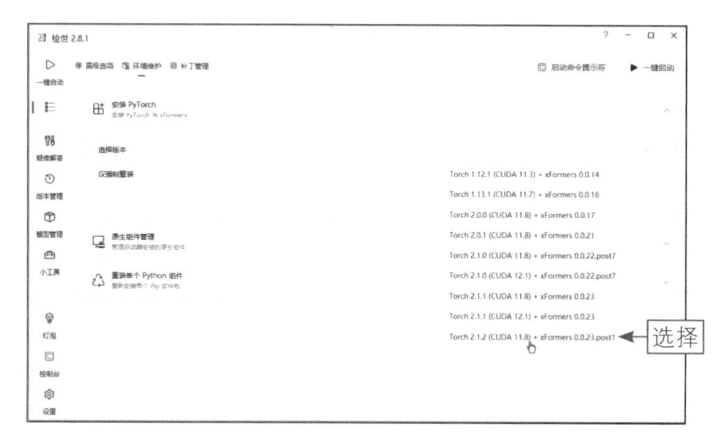

图 21-8　选择相应的 Torch 和 xFormers 版本

★ 温馨提示 ★

如果用户是自己配置WebUI的，则需要编辑webui.bat或webui-user.bat文件，修改其中的模块文件加载内容，如图21-9所示，然后双击运行该文件以完成安装。这样，就能顺利升级到最新版本的Torch和xFormers，从而确保AnimateDiff功能的正常运行。

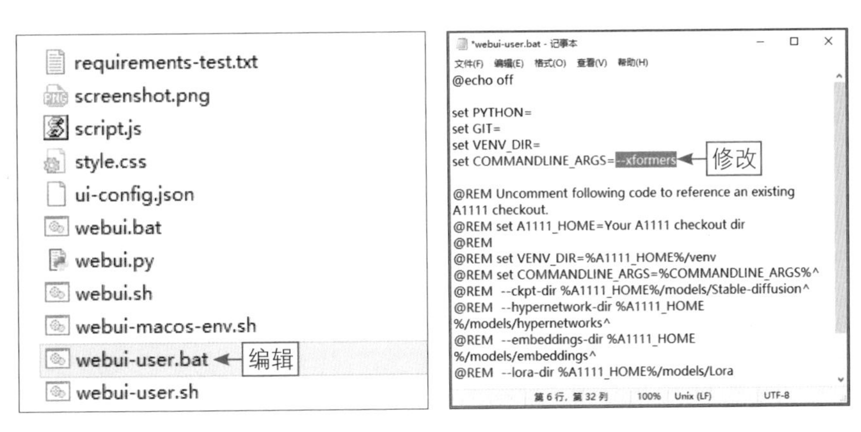

图 21-9　编辑 webui-user.bat 文件

21.2.2　使用AnimateDiff实现文生视频

扫码看教学视频

AnimateDiff文生视频技术不仅实现了从文字到视频的跨越式转变，更在视频生成的质量和效率上取得了显著突破，能够精准地理解文本中的语义和情感，并将其转化为生动、逼真的视频画面。下面介绍使用AnimateDiff实现文生视频的操作方法。

步骤01 进入“文生图”页面，选择一个写实类的大模型，输入相应的提示词，包括通用起手式、画面主体和背景描述等，如图21-10所示。

图 21-10　输入相应的提示词

步骤02 在页面下方设置“迭代步数（Steps）”为30、“采样方法（Sampler）”

为 DPM++ 2M Karras、“总批次数”为 10，使得采样结果更加真实、自然，如图 21-11 所示。

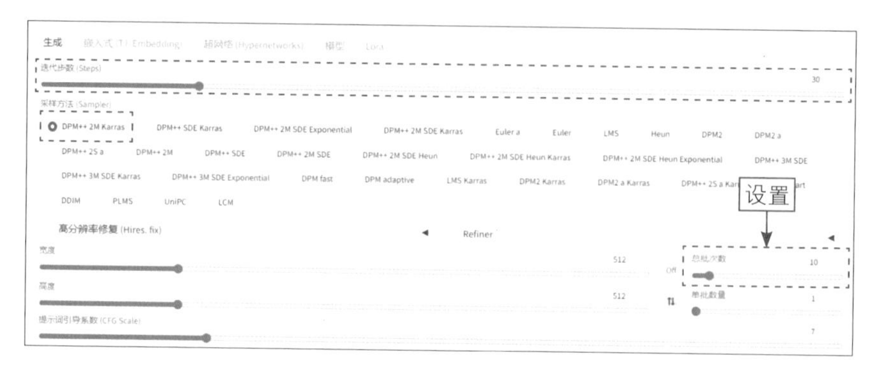

图 21-11　设置相应的参数

步骤 03 展开AnimateDiff选项区，选中“启用AnimateDiff”复选框，启用插件，设置“总帧数”为16、“帧率”为8、Save format（保存格式）为GIF/MP4，如图21-12所示。帧数决定了动画的时长和流畅度，将“总帧数”设置为16意味着生成的动画包含16帧图像。帧率决定了动画的播放速度，将“帧率”设置为8表示每秒钟播放8帧图像。

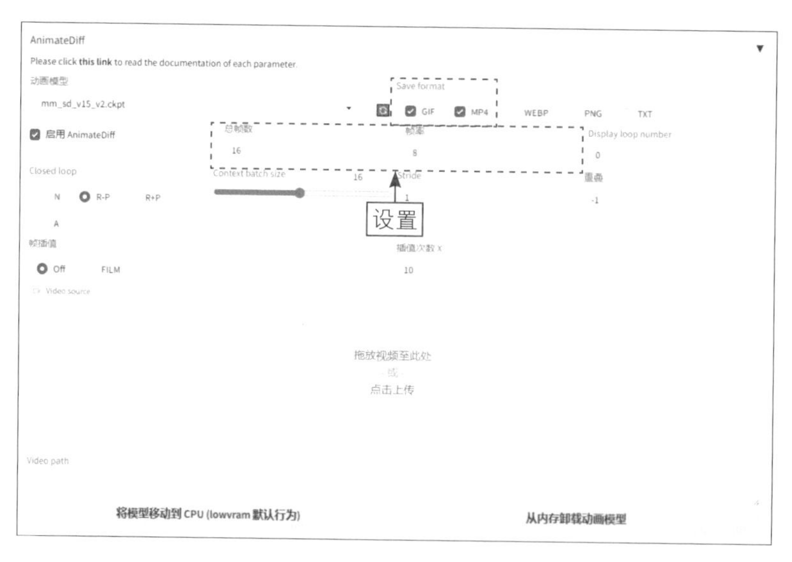

图 21-12　设置 AnimateDiff 的相应参数

★ 温馨提示 ★

在图21-12中，若设置Display loop number（显示循环数量）为0，意味着动画可以无限次地循环播放。Closed loop（闭环）功能可确保动画的最后一帧与第一帧保持一致，从而实现无限循环播放。下面是Closed loop选项区中4个选项的详细解释。

❶ N：不启用闭环功能，动画将从头到尾播放，不会回到起始点。

❷ R－P：尝试减少闭环时的上下文差异，但不会对提示旅程（Prompt Traveling）进行插值以形成闭环。

❸ R+P：同样尝试减少闭环时的上下文差异，但会对提示旅程进行插值以形成闭环。

❹ A：积极确保最后一帧与第一帧相同，并对提示旅程进行插值，以实现流畅的闭环效果。

图形交换格式（Graphics Interchange Format，GIF）是一种图像格式，通常用于存储简单的动画。动态图像专家组4（Moving Picture Experts Group 4，MP4）则是一种视频格式，可以存储更高质量的动画，并且通常支持音频。

步骤 04 单击“生成”按钮，即可同时生成GIF格式的动图文件和MP4格式的视频文件，效果见图21-1。

第 22 章
图生视频：生成《天空流云》效果

Stable Diffusion不仅汇聚了众多前沿的AI视频生成插件，而且其推出的稳定视频扩散模型（Stable Video Diffusion，SVD）AI视频生成模型，更是将视频制作技术推向了新的高度。本章主要介绍利用Stable Diffusion生成《天空流云》视频效果的方法，帮助大家掌握SVD的图生视频功能。

22.1　效果欣赏：《天空流云》

Stable Video Diffusion（SVD）是一个强大的图生视频（Image-to-Video）模型，它利用扩散模型原理，将静态图像转化为动态的视频。在这个过程中，输入的静态图像被视为条件帧，SVD模型基于条件帧的信息，通过一系列复杂的算法运算，最终生成一段流畅且自然的视频。

Stable Video Diffusion为图像到视频的转换提供了全新的解决方案，极大地拓展了视觉内容创作的可能性。通过SVD Image-to-Video模型，用户可以轻松地将自己的创意和想法通过静态图像转化为生动有趣的视频，为视觉艺术领域注入了新的活力。

本案例主要通过SVD制作《天空流云》视频效果，让图中的云流动起来，形成一种延时视频的拍摄效果。本案例最终效果如图22-1所示。

图 22-1　效果展示

22.2 《天空流云》视频的生成技巧

2023年11月21日，Stability AI推出了开源模型Stable Video Diffusion，该模型能够将静态的图像作为条件帧，并基于这些条件帧生成视频。SVD模型的核心能力在于，当给定一个特定大小的条件帧时，它能够生成分辨率为1024×576的视频。这样的视频不仅清晰度高，而且帧与帧之间的过渡自然流畅，为用户带来极致的观看体验。本节将介绍Stable Video Diffusion的部署方法和图生视频功能的操作技巧。

22.2.1 Stable Video Diffusion的云端部署方法

扫码看教学视频

要使用SVD生成视频，首先要部署相应的模型和工具。Google Colab作为一个云端编程工具，为用户提供了一个便捷的平台，无须烦琐的本地环境配置，即可轻松运行和测试先进的机器学习模型。通过结合Stable Video Diffusion模型和Google Colab的强大计算能力，用户能够在云端实现高效的视频生成。

下面介绍在云端部署Stable Video Diffusion的操作方法。

步骤01 在Google Colab中打开Stable Video Diffusion模型的.ipynb文件，选择“代码执行程序”|“更改运行时类型”命令，如图22-2所示。

图 22-2 选择“更改运行时类型”命令

步骤02 执行操作后，弹出“更改运行时类型”对话框，设置相应的运行参数，单击“保存”按钮，如图22-3所示。

步骤03 选择“代码执行程序”|“全部运行”命令，如图22-4所示，运行.ipynb文件中的所有代码。

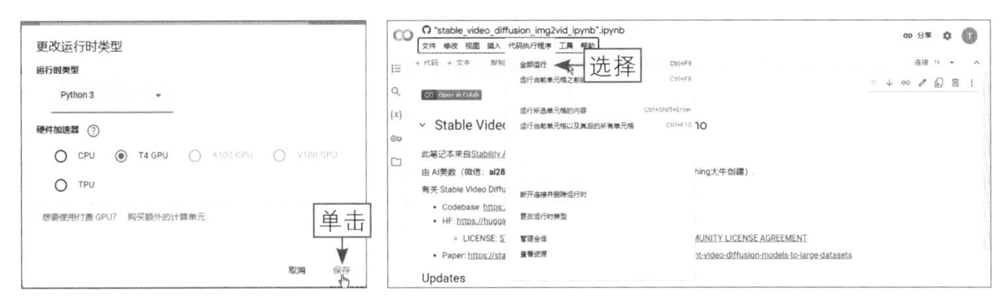

图 22-3　单击"保存"按钮　　　　图 22-4　选择"全部运行"命令

步骤 04 执行操作后，弹出信息提示框，单击"仍然运行"按钮，如图22-5所示。

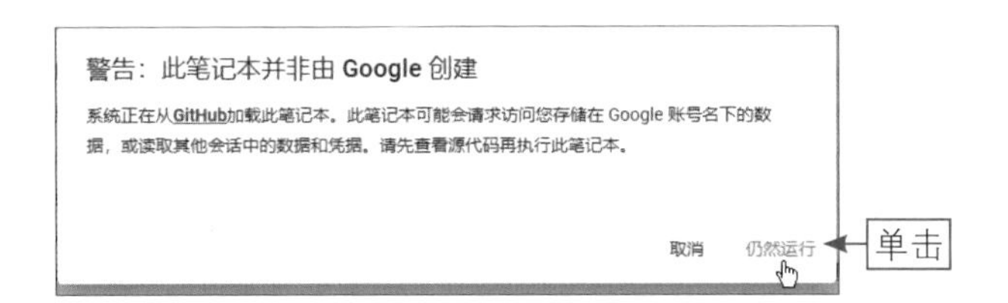

图 22-5　单击"仍然运行"按钮

步骤 05 执行操作后，即可开始自动运行代码，如图22-6所示。

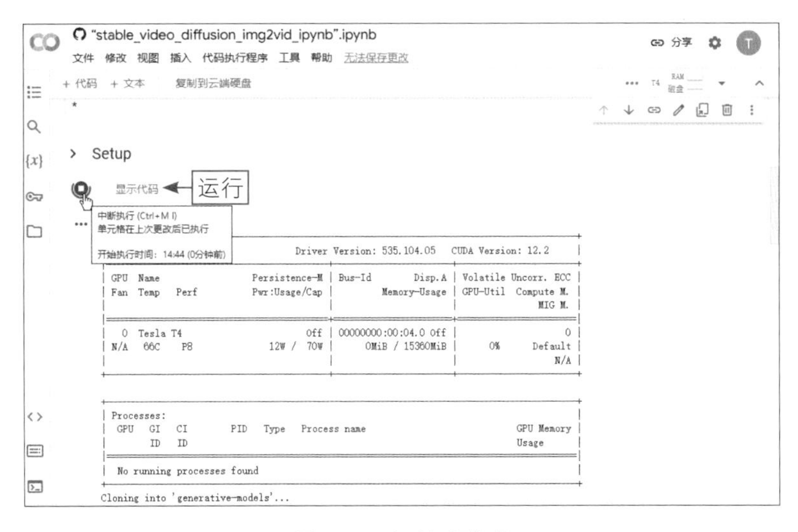

图 22-6　自动运行代码

步骤 06 代码全部运行完成后，在页面下方的Do the Run选项区中，即可看到视频创建区域，单击Running on public URL（在公共网址上运行）右侧的网址，如图22-7所示。

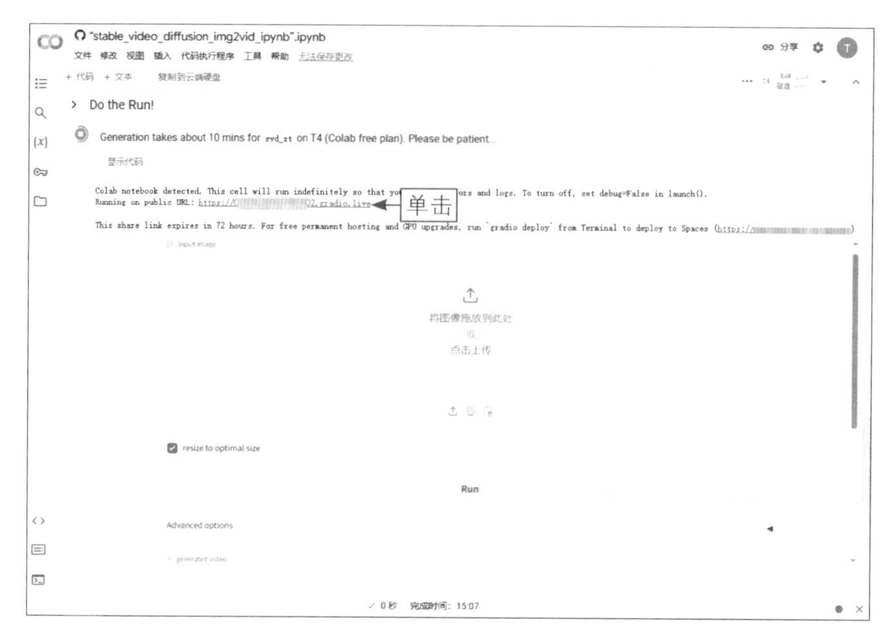

图 22-7　单击 Running on public URL 右侧的网址

步骤 07 执行操作后，可以打开一个全新的视频创建页面，如图22-8所示，用户可以在此上传图像，并单击Run（运行）按钮，即可生成视频。

图 22-8　打开一个全新的视频创建页面

22.2.2 SD WebUI-forge版本的本地部署方法

扫码看教学视频

在本地部署Stable Video Diffusion时，目前仅支持Stable Diffusion的ComfyUI或WebUI-forge版本。其中，ComfyUI是一个基于节点流程的Stable Diffusion AI绘画工具，它提供了一种直观且灵活的方式，让用户可以设计和执行复杂的Stable Diffusion AI工作流，而无须编写任何代码，其界面和SVD图生视频工作流如图22-9所示。

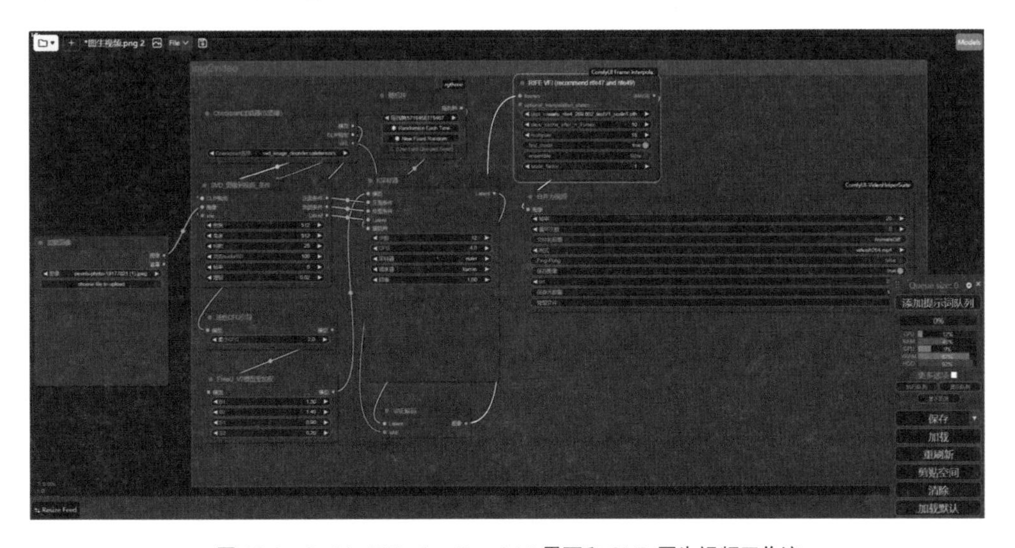

图 22-9 Stable Diffusion ComfyUI 界面和 SVD 图生视频工作流

ComfyUI采用图/节点/流程图界面，支持多种模型和模式，使得用户可以根据自己的项目需要选择合适的模型和模式。此外，ComfyUI不仅可以在图片生成上表现卓越，还能与图生视频的AI工具无缝对接，将静态的图像转化为生动的视频内容，从静态到动态，打开了AI绘画的新纪元。

WebUI-forge版本则在原有WebUI的基础上进行了深入的代码优化，不仅显著提升了Stable Diffusion的图像生成速度，还大幅降低了显存的消耗。值得一提的是，通过引入Unet Patcher补丁技术，现在的WebUI-forge已经支持SVD视频生成功能，甚至使得一度备受推崇的ComfyUI也黯然失色。

★ 温馨提示 ★

Unet Patcher补丁技术是一种扩展插件开发神器，它能在大约100行代码中实现各种功能插件的对接和开发。具体来说，通过使用Unet Patcher，用户可以方便地对Stable Diffusion等模型进行扩展和优化，从而增强其功能和性能。

经过一系列测试，Stable Diffusion WebUI-forge展现出了卓越的性能。测试数据显示，在相同配置的计算机上，WebUI-forge的图片生成速度相较于WebUI几乎提升了一倍，仅需短短1.9秒即可完成。此外，WebUI-forge还集成了一些实用的功能，如FreeU能够提升图像质量，而Kohya的HRFix则能让SD v1.5模型直接生成高质量的大图，为用户提供了更多选择与便利。

WebUI-forge显著提升了用户体验，其改进主要集中在以下几个方面。

❶ WebUI-forge的图像生成速度更为迅捷。开发团队明确表示，与AUTOMATIC1111相比，WebUI-forge的运行速度有了明显的提升。值得一提的是，对拥有较少视频随机存取存储器图形处理单元（Video Random Access Memory Graphics Processing Unit，VRAM GPU）卡的用户来说，体验到的速度优势将更为显著。具体而言，配备6GB VRAM的用户预计可获得高达75%的速度提升，而8GB和24GB VRAM的用户则分别可享受到45%和6%的提速。

★ 温馨提示 ★

AUTOMATIC1111是一个基于Stable Diffusion的可便携部署的离线框架，它封装了用户界面（User Interface，UI）和一些功能，使用户能够通过可视化界面来使用Stable Diffusion，从而进行图像生成和编辑。

AUTOMATIC1111的功能强大且易于使用，旨在为用户提供智能化的自动化解决方案，帮助他们轻松完成各种重复性任务，从而节省宝贵的时间和精力。此外，AUTOMATIC1111还结合了ControlNet的模型细化技术，以优化AI生成的图像质量。

❷ WebUI-forge对后端代码进行了优化和重新设计。特别是U-Net后端，经过改造后，使得扩展的修改更为轻松便捷。在AUTOMATIC1111中，由于许多扩展都会修改U-Net，因此扩展冲突并不少见。而WebUI-forge则有效地解决了这一问题，为用户提供了更为稳定、可靠的运行环境。

❸ WebUI-forge预装了一系列实用的功能，这些功能大多是对U-Net的修改和优化。其中，ControlNet和FreeU等功能的加入，进一步丰富了用户的创作手段。此外，WebUI-forge还提供了对SVD和Zero123等模型的本机支持，使得用户能够轻松实现更为复杂和多样化的创作需求。

★ 温馨提示 ★

Zero123是由Stability AI发布的一种利用AI技术从单张图像创建3D对象的模型。Zero123基于Stable Diffusion等生成式AI模型，通过对普通图片进行深度学习和处理，能够生成具有高质量和多角度视图的新颖3D对象，相关示例如图22-10所示。

图 22-10　Zero123 生成的 3D 对象示例

Zero123利用大规模扩散模型，深入学习了自然图像的几何先验知识。为了实现对相对摄像机视点的精准控制，Zero123的条件扩散模型在合成数据集上进行了学习，这种控制力使得模型能够在特定的镜头转换下，为同一对象生成全新的图像。

值得注意的是，尽管Zero123是在合成数据集上进行训练的，但它依然保留了出色的zero shot（零样本）泛化能力，能够应对分布外的数据集，如印象派绘画，也能展现出强大的适应性。此外，Zero123的视点条件扩散方法还具有广泛的应用前景，可以进一步用于从单幅图像进行三维重建任务，为图像处理领域带来了更多的可能性。

在Windows系统上安装Stable Diffusion WebUI-forge，使用一键安装包是一种比较简便的方法。一键安装包通常集成了所有必要的组件和配置，用户只需按照安装向导的指引进行操作，即可轻松完成安装过程，具体操作方法如下。

步骤 01 进入Stable Diffusion WebUI-forge的GitHub主页，单击Code按钮，如图22-11所示。

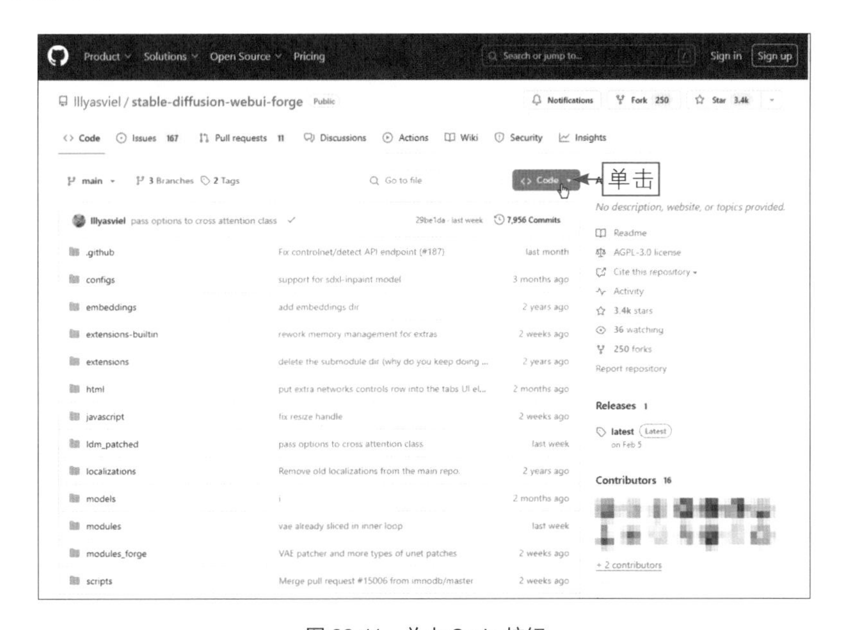

图 22-11　单击 Code 按钮

步骤02 执行操作后，弹出Clone面板，在HTTPS选项卡中单击Download ZIP（下载ZIP）按钮，如图22-12所示，即可下载Stable Diffusion WebUI-forge原版的ZIP安装文件。

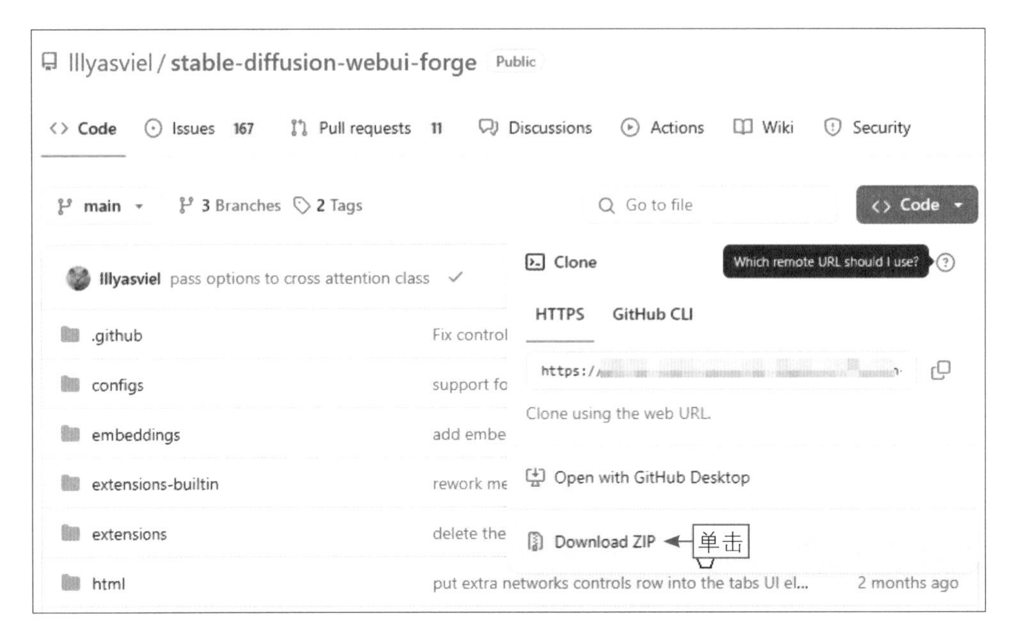

图 22-12　单击 Download ZIP 按钮

★ 温馨提示 ★

ZIP是一种数据压缩和文档储存文件格式，Microsoft从Windows ME操作系统开始内置对ZIP格式的支持，即使用户的计算机上没有安装解压缩软件，也能打开和制作ZIP格式的压缩文件。.7z是7-ZIP这款压缩软件在压缩文件时所采用的一种特定格式，其采用了高效的压缩算法，能够将文件压缩到非常小的体积，从而实现极高的压缩比。

步骤03 用户也可以直接下载WebUI-forge+SVD的整合包文件，找到并选择下载的压缩文件，单击鼠标右键，在弹出的快捷菜单中选择“解压到当前文件夹”命令，如图22-13所示。

步骤04 文件解压完成后，进入相应的文件夹，双击update.bat程序，如图22-14所示，更新该程序。

步骤05 程序更新完成后，双击run.bat程序，弹出命令行窗口，如图22-15所示，自动加载相应的依赖项。

图 22-13　选择“解压到当前文件夹”命令

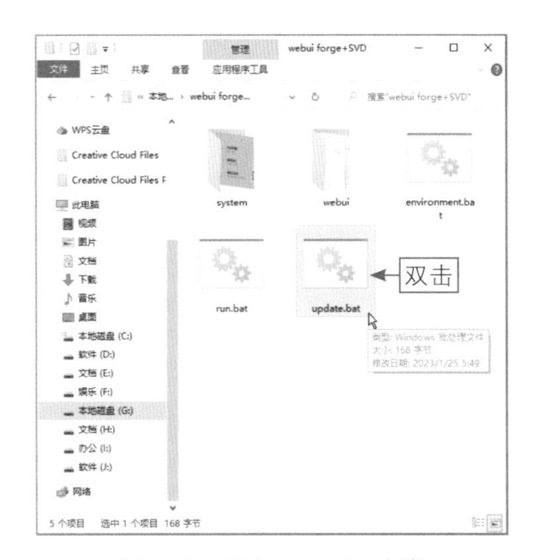

图 22-14　双击 update.bat 程序

```
C:\Windows\system32\cmd.exe
Hint: your device supports --pin-shared-memory for potential speed improvements.
Hint: your device supports --cuda-malloc for potential speed improvements.
Hint: your device supports --cuda-stream for potential speed improvements.
VAE dtype: torch.bfloat16
CUDA Stream Activated:  False
Using pytorch cross attention
ControlNet preprocessor location: G:\webui forge+SVD\webui\models\ControlNetPreprocessor
Loading weights [15012c538f] from G:\webui forge+SVD\webui\models\Stable-diffusion\realisticVisionV51_v51
VAE.safetensors2024-03-14 16:10:26,644 - ControlNet - INFO - ControlNet UI callback registered.
model_type EPS
UNet ADM Dimension 0
Running on local URL:  http://127.0.0.1:7860

To create a public link, set `share=True` in `launch()`.
Startup time: 10.2s (prepare environment: 2.3s, import torch: 3.1s, import gradio: 0.9s, setup paths: 0.7
s, other imports: 0.4s, load scripts: 1.8s, create ui: 0.6s, gradio launch: 0.2s).
Using pytorch attention in VAE
Working with z of shape (1, 4, 32, 32) = 4096 dimensions.
Using pytorch attention in VAE
extra {'cond_stage_model.clip_l.text_projection', 'cond_stage_model.clip_l.logit_scale'}
To load target model SD1ClipModel
Begin to load 1 model
[Memory Management] Current Free GPU Memory (MB) =  11107.9990234375
[Memory Management] Model Memory (MB) =  454.2076225280762
[Memory Management] Minimal Inference Memory (MB) =  1024.0
[Memory Management] Estimated Remaining GPU Memory (MB) =  9629.791400909424
Moving model(s) has taken 0.60 seconds
Model loaded in 2.6s (load weights from disk: 0.2s, forge load real models: 1.4s, calculate empty prompt:
 0.9s).
```

图 22-15　弹出命令行窗口

步骤 06 稍等片刻，即可在浏览器中打开Stable Diffusion WebUI-forge窗口，页面布局和功能基本与原版WebUI一致，如图22-16所示。

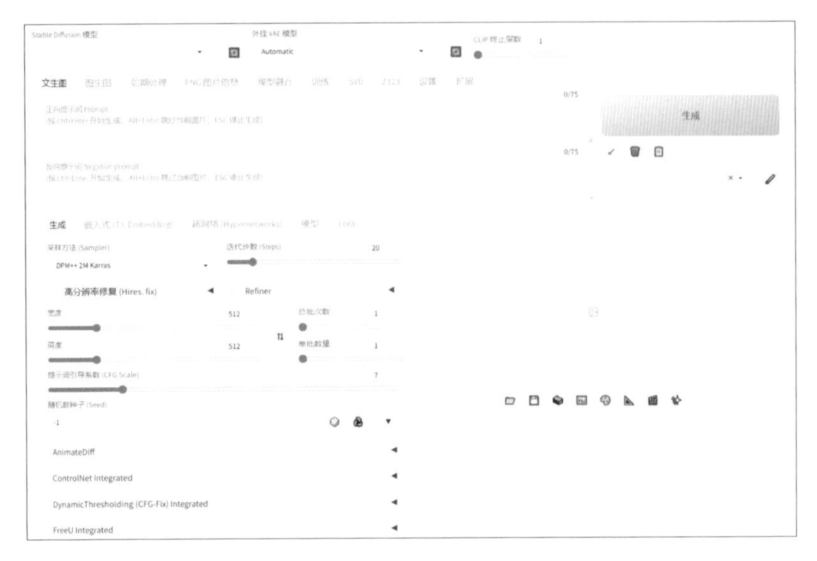

图 22-16　打开 Stable Diffusion WebUI-forge 窗口

22.2.3　Stable Video Diffusion的本地部署方法

扫码看教学视频

从图22-16中可以看到，Stable Diffusion WebUI-forge中已经集成了SVD插件，用户还需要下载SVD模型才能使用图生视频功能，具体操作方法如下。

步骤01 进入Stable Video Diffusion的Hugging Face模型下载页面，可以看到页面提示用户需要同意共享联系信息才能访问此模型，如图22-17所示。

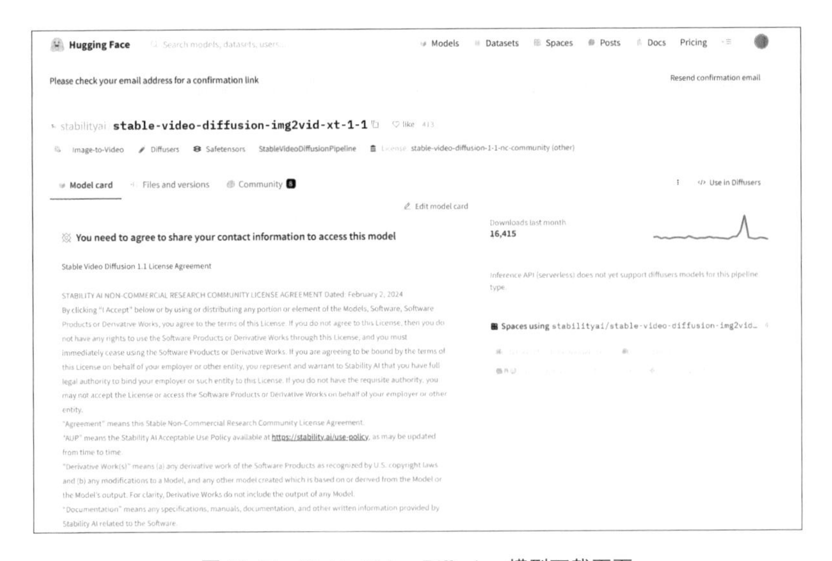

图 22-17　Stable Video Diffusion 模型下载页面

步骤 02 在页面下方可以看到一个用于填写联系信息的表单，如图22-18所示，用户需要在此处填写名字、电子邮件和其他评论等信息，并单击Submit（提交）按钮申请获取模型。

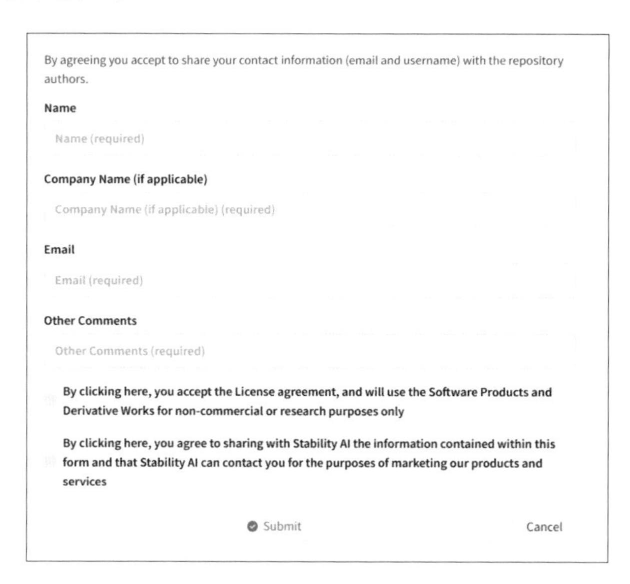

图 22-18　用于填写联系信息的表单

★ 温馨提示 ★

Hugging Face是一个主流的机器学习模型托管平台，也是一个开源社区，提供了先进的自然语言处理（Natural Language Processing，NLP）模型、数据集及其他的工具。

步骤 03 下载好模型文件后，将其放入SD WebUI-forge根目录下的webui\models\svd文件夹中，如图22-19所示，即可完成模型的安装。

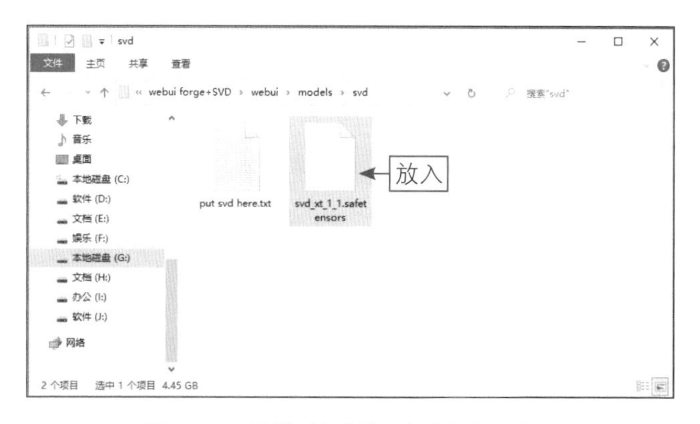

图 22-19　将模型文件放入相应的文件夹中

22.2.4 使用Stable Video Diffusion生成视频

扫码看教学视频

使用Stable Video Diffusion生成的视频时长通常为2～5秒，帧率最高可达30帧每秒，处理时间则尽量控制在两分钟以内，为用户提供了高效且便捷的视觉内容创作体验。下面介绍使用Stable Video Diffusion生成视频的操作方法。

步骤01 进入Stable Diffusion WebUI-forge中的SVD插件页面，在“输入图像”选项区中单击“点击上传”超链接，如图22-20所示。

步骤02 执行操作后，弹出“打开”对话框，选择相应的素材图片，如图22-21所示。

图 22-20 单击“点击上传”链接

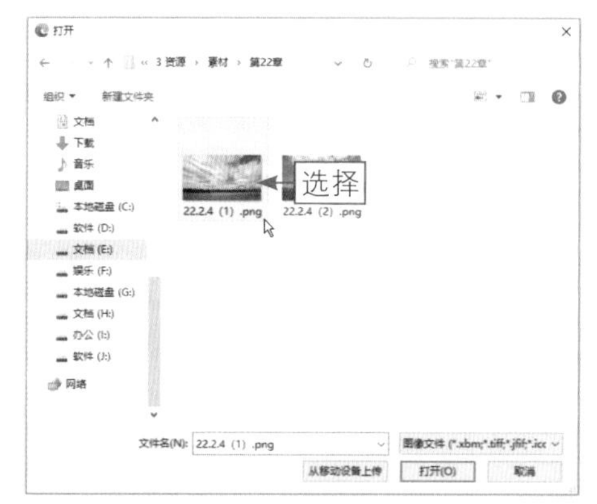

图 22-21 选择相应的素材图片

步骤03 单击“打开”按钮，即可上传素材图片，在模型下拉列表框中选择相应的SVD模型，如图22-22所示。

图 22-22 选择相应的 SVD 模型

★ 温馨提示 ★

需要注意的是，SVD生成的视频时长相当有限，通常不超过4秒。另外，SVD不能直接通过文本进行控制，这意味着用户需要串联其他模型来实现文本到视频的转换，这无疑增加了使用的复杂性和操作的难度。

步骤 04 在页面下方设置Video Frames（视频帧）为25，将视频的总帧数设置为25，其他参数保持默认设置即可，如图22-23所示。

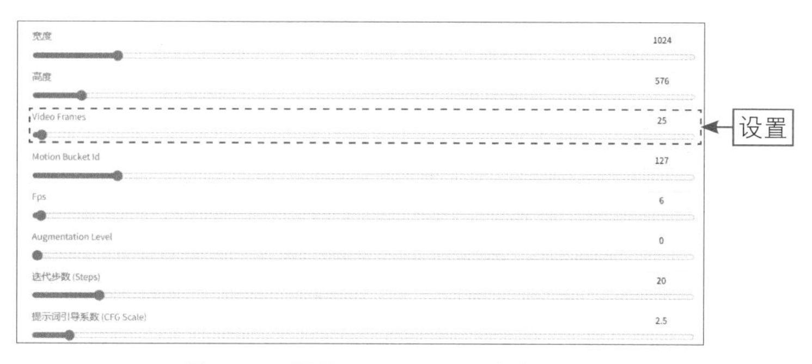

图 22-23　设置 Video Frames 参数

★ 温馨提示 ★

Motion Bucket Id（运动存储桶标识）是一个关键参数，它扮演着调控视频动态元素的角色。简而言之，Motion Bucket Id的数值越大，视频所展现的动作量就越丰富，给观众带来的视觉冲击也就越强烈。通过Motion Bucket Id的设置，用户可以精准地控制视频的动态水平，从而满足不同场景和需求的制作要求。

Fps（Frames Per Second，每秒帧数）是一个影响视频流畅度的参数，它代表着每秒钟视频画面更新的次数，决定了视频的播放速度和平滑度。高帧率意味着视频画面更为连贯，动作更为流畅，给观众带来的视觉体验更为逼真。

Augmentation Level（增强级别）是一个影响视频生成过程的重要参数，它负责控制视频生成时的随机性和多样性。当提升增强级别时，生成的视频可能会展现出更为独特和创新的元素，为观众带来全新的视觉享受。然而，这也可能伴随着一些风险，比如可能引入不期望的噪声或变形，影响视频的整体质量。因此，在调整Augmentation Level参数时，用户需要仔细权衡，确保在追求创意和多样性的同时，不牺牲视频的基本质量。

步骤 05 在页面底部单击“生成”按钮，如图22-24所示。

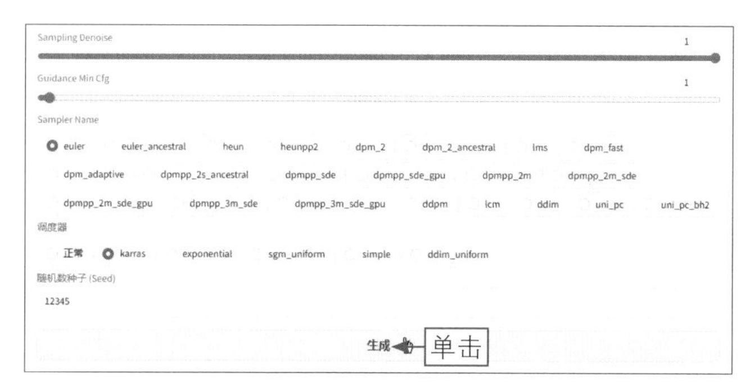

图 22-24　单击“生成”按钮

步骤 06 稍待片刻，即可将图片转换为视频，在页面右侧可以预览生成的视频效果和图片列表，如图22-25所示。

图 22-25　预览生成的视频效果

步骤 07 再次上传另一张素材图片，保持默认设置，单击“生成”按钮，生成第2段视频效果，如图22-26所示。

图 22-26　生成第 2 段视频效果

★ 温馨提示 ★

请注意，本案例的最终效果是通过剪映软件对上述两个视频进行后期剪辑处理完成的，并在其中添加了相应的文字和边框效果。若读者希望学习更多的短视频剪辑技巧，建议阅读《剪映短视频剪辑从入门到精通：调色+特效+字幕+配音》一书。

第 23 章

风光视频：生成《壮美瀑布》效果

利用SVD的图生视频功能，可以轻松生成一段令人陶醉的风光视频。想象一下，仅凭一张素材图片，AI便能将其转化为栩栩如生、充满生命力的视频画面。这种神奇的功能，不仅是对传统视频制作方式的颠覆，更是创意与技术的完美结合。本章将探索如何通过SVD生成一段《壮美瀑布》的风光视频。

23.1 效果欣赏：《壮美瀑布》

在本案例中，AI将以其独特的算法和强大的处理能力，将瀑布的壮美与磅礴表现得淋漓尽致。从瀑布顶端倾泻而下的水流，如同银河倒挂，波澜壮阔，将带给人们强烈的视觉震撼。AI还将细腻地描绘出瀑布周围的自然环境，如绿意盎然的植被、云雾缭绕的山峰，共同构成一幅幅动人的画面。本案例最终效果如图23-1所示。

图 23-1 效果展示

23.2 《壮美瀑布》视频的生成技巧

在《壮美瀑布》视频中，除了视觉上的震撼，AI还通过调整色彩、光影等元素，营造出一种身临其境的感觉，让人仿佛能够听到瀑布的轰鸣声，感受到水雾扑面而来的清凉，体验到站在瀑布前的震撼与激动。本节主要介绍使用Stable Video Diffusion生成《壮美瀑布》视频的技巧。

23.2.1 通过文生图生成素材原图

扫码看教学视频

下面先使用Stable Diffusion的文生图功能生成一张合适的瀑布素材原图，作为SVD图生视频的参考图，具体操作方法如下。

步骤01 进入“文生图”页面，使用默认的大模型，输入相应的提示词，指定生成图像的画面内容，如图23-2所示。

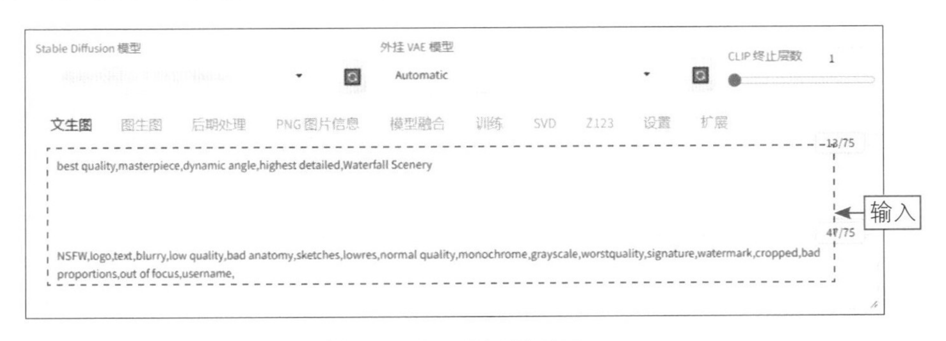

图 23-2 输入相应的提示词

步骤02 在页面下方设置“采样方法（Sampler）”为DPM++ 2M Karras、“宽度”为1024、“高度”为576，提升画面的生成质量，如图23-3所示。

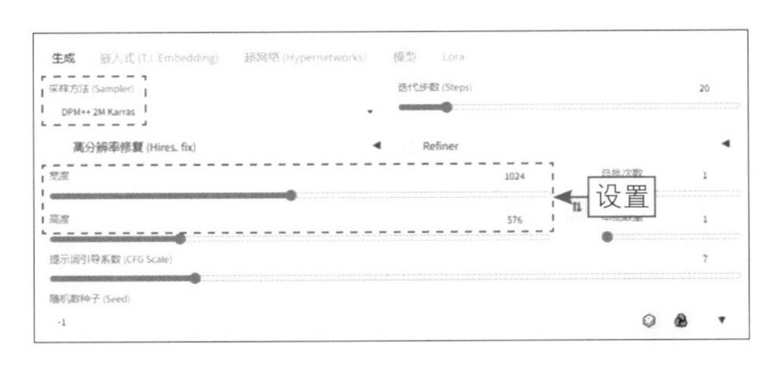

图 23-3 设置相应的参数

步骤03 单击“生成”按钮，即可生成相应的图像，单击图像下方的“将图像和生成参数发送到SVD选项卡”按钮，如图23-4所示。

图 23-4　单击“将图像和生成参数发送到 SVD 选项卡”按钮

步骤 04 执行操作后，即可将图像发送到SVD页面中的“输入图像”选项区中，同时也会将生成参数自动发送过来，如图23-5所示。

图 23-5　将图像和生成参数发送到 SVD 页面

23.2.2　使用SVD实现图生视频

扫码看教学视频

接下来将运用SVD强大的图生视频功能，进一步将生成的瀑布素材原图转化为一段引人入胜的视频，具体操作方法如下。

步骤 01 在页面下方设置Video Frames为25，将视频的总帧数设置为25，其他参数保持默认设置即可，如图23-6所示。

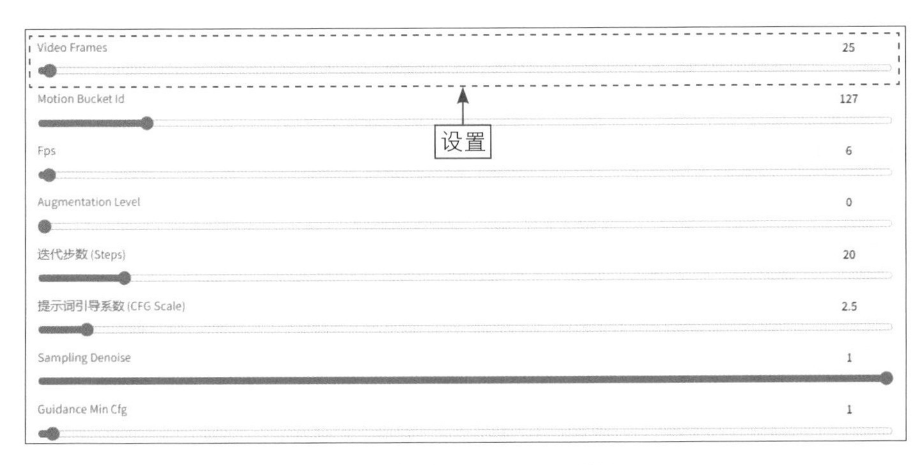

图 23-6　设置 Video Frames 参数

★ 温馨提示 ★

Sampling Denoise（采样去噪）用于在视频生成过程中减少噪声和伪影，可以改善视频的视觉质量，使其更加清晰和自然。Guidance Min Cfg（指导最小配置）与生成视频的指导强度有关，调整此参数可以影响生成视频与预期目标的一致性程度。

步骤 02 在页面底部单击“生成”按钮，如图23-7所示。

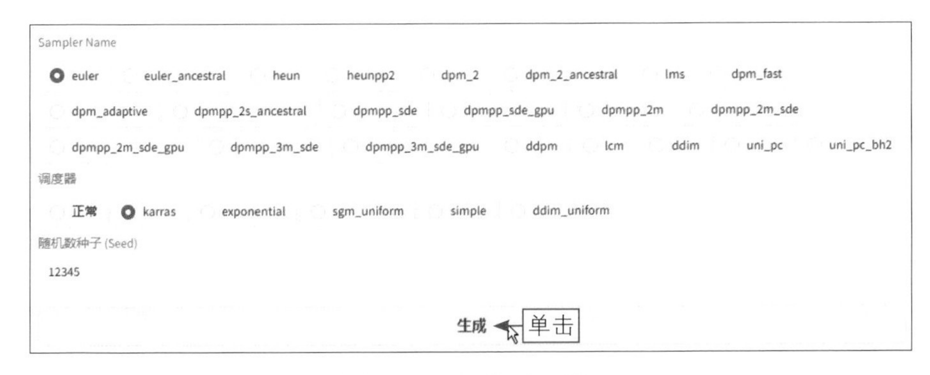

图 23-7　单击“生成”按钮

★ 温馨提示 ★

在Stable Video Diffusion的图生视频参数中，调度器（Scheduler）的选择对生成视频的质量和效率具有重要影响。调度器负责控制扩散过程和反扩散过程的步长，以在生成图像或视频时达到预期的平衡。

步骤 03 稍待片刻，即可将图像转换为视频，在页面右侧可以预览生成的视频效果和图片列表，如图23-8所示。

图 23-8 预览生成的视频效果